国家林业和草原局职业教育"十三五"规划教材

森林食品加工技术

纪 颖 主编

中国林业出版社

·北京·

内 容 简 介

森林食品加工技术是林业类院校食品营养与检测专业的一门特色课程，主要阐述以森林食物资源为原料，以食品保藏原理为基础，采用现代生产方式，对森林食品进行加工及研发等内容。

本教材重点介绍森林食品加工的基本理论及其相关的实用技能，共分为3个学习单元，7个学习项目，主要内容包括森林食品的内涵和特征，森林食品的采收、贮运、加工等过程，根据森林食品的类型重点介绍了罐藏、干制、腌渍等加工工艺，同时还包括功能性森林食品的研发等。

本教材体现以应用型职业岗位需求为中心，以素质教育、创新教育为基础，以学生能力培养为本位的教育理念，突出"必须""实用""管用"的原则，紧扣食品行业的发展需求，遵循森林食品加工的工作过程，强调理论联系实际，突出技术能力，有利于培养学生成为服务于食品生产第一线的高技能应用型人才。

本教材可以作为高职院校食品营养与检测、食品加工技术、农产品质量检测等专业的教材，亦可作为林产品生产与加工从业人员的参考书。

图书在版编目(CIP)数据

森林食品加工技术／纪颖主编. —北京：中国林业出版社, 2020.5(2024.12重印)
ISBN 978-7-5219-0494-9

Ⅰ.①森… Ⅱ.①纪… Ⅲ.①森林植物-食品加工-高等职业教育-教材 Ⅳ.①TS205

中国版本图书馆 CIP 数据核字(2020)第 028319 号

中国林业出版社·教育分社

数字资源

策划编辑：田 苗 曾琬淋   责任编辑：田 苗 曹漾文
电话：(010)83143557 83143627   传真：(010)83143516

出版发行	中国林业出版社(100009 北京市西城区德内大街刘海胡同7号)
	E-mail: jiaocaipublic@163.com
	电话：(010)83143500
	http://www.forestry.gov.cn/lycb.html
经　销	新华书店
印　刷	北京中科印刷有限公司
版　次	2020年5月第1版
印　次	2024年12月第4次印刷
开　本	787mm×1092mm 1/16
印　张	9
字　数	253千字(含数字资源)
定　价	42.00元

未经许可，不得以任何方式复制或抄袭本书之部分或全部内容。

版权所有　侵权必究

《森林食品加工技术》
编写人员

主　编

　　纪　颖

编写人员（按姓氏拼音排序）

　　陈　锋（南平市产品质量检验所）

　　陈　剑（福建长富乳业有限公司）

　　黄庆斌（福建林业职业技术学院）

　　纪　颖（福建林业职业技术学院）

　　蒋璇靓（泉州师范学院）

　　刘少彦（福建林业职业技术学院）

　　刘　晔（福建林业职业技术学院）

　　印　英（爱普香料集团股份有限公司）

前 言

根据《国家中长期教育改革和发展规划纲要(2010—2020年)》《教育部关于全面提高高等职业教育教学质量的若干意见》(教高〔2006〕16号)、《教育部、财政部关于进一步推进"国家示范性高等职业院校建设计划"实施工作的通知》(教高〔2010〕8号)等文件要求,福建林业职业技术学院作为"国家示范性高职院校项目建设计划"骨干高职院校的首批立项建设单位,在"校企合作、工学结合"理念的指导下,以岗位职业能力为依据,根据学生的认知规律和高职教学的特点,突出林业职业院校的特色,特编写《森林食品加工技术》教材。

"森林食品加工技术"是林业院校食品营养与检测专业的一门特色课程,主要阐述以森林食物资源为原料,以食品保藏原理为基础,采用现代生产方式,对森林食品进行加工及研发等内容。

本教材体现以应用型职业岗位需求为中心,以素质教育、创新教育为基础,以学生能力培养为本位的教育理念,突出"必须""实用""管用"的原则,从实用目的出发,以就业为导向,紧扣食品行业的发展需求,既有森林食品加工的最新理论知识和技术,又涉及森林食品加工中最具体的生产实践问题。本教材分为3个学习单元,7个学习项目,做到"教学做相结合、理实一体化",重点引导学生了解森林食品的内涵和特征,培养学生掌握森林食品从原材料采收、贮运、加工、包装的加工技术,运用罐藏、干燥、腌渍等手段,研发并生产符合人类自然、环保、绿色生产技术要求,生态、优质、健康、营养的新型森林食品。

本教材由福建林业职业技术学院纪颖主编,具体编写分工为:纪颖编写教材的主体部分,刘晔参编项目2,陈锋、印英参编项目3,刘少彦参编项目4、项目5,蒋璇靓参编项目6,陈剑、黄庆斌参编项目7。全书由纪颖统稿。本教材在编写过程中得到各位编者的大力支持,在此一并表示感谢。

森林食品行业属于新兴产业,由于书中内容涉及面较广,编者水平有限,不妥及错误之处在所难免,敬请读者批评指正。

编 者
2019年7月

目录

前言

单元1　森林食品加工基础 ·· 001

　项目1　课程入门 ·· 002

　　任务1.1　认识森林食品 ·· 002

　　任务1.2　食品保藏入门 ·· 012

　　任务1.3　食品加工前处理 ··· 018

单元2　森林食品加工工艺 ·· 025

　项目2　森林食品罐藏 ·· 026

　　任务2.1　分析罐头加工工艺 ·· 026

　　任务2.2　林产食品罐头制作 ·· 034

　　任务2.3　糖水罐头制作 ·· 042

　项目3　森林食品干藏 ·· 049

　　任务3.1　分析食品干制工艺 ·· 049

　　任务3.2　森林果品干制 ·· 056

　　任务3.3　山珍野菜干制 ·· 062

　项目4　森林饮料加工 ·· 068

　　任务4.1　饮料工艺中原辅材料处理 ·· 068

　　任务4.2　植物蛋白饮料加工 ·· 078

　　任务4.3　果蔬汁饮料加工 ··· 086

项目 5 　森林食品腌制 ………………………………………………… 094
　　任务 5.1 　分析腌藏工艺 …………………………………………… 094
　　任务 5.2 　果脯蜜饯制作 …………………………………………… 101
　　任务 5.3 　酱腌菜制作 ……………………………………………… 107

单元 3 　功能性森林食品研发 ………………………………………… 115

项目 6 　功能性成分提取 ……………………………………………… 116
　　任务 6.1 　功能性成分提取 ………………………………………… 116
项目 7 　功能性森林食品制作 ………………………………………… 124
　　任务 7.1 　排铅食品设计与制作 …………………………………… 124
　　任务 7.2 　减肥食品设计与制作 …………………………………… 128

参考文献 ………………………………………………………………… 134

单元 1
森林食品加工基础

学习内容

项目 1　课程入门
任务 1.1　认知森林食品
任务 1.2　食品保藏入门
任务 1.3　食品加工前处理

项目 1　课程入门

学习目标

知识目标

(1) 掌握森林食品的定义和分类。
(2) 理解森林食品加工的原料采收、分级和贮藏要点。
(3) 熟悉森林食品保藏的定义和分类。
(4) 理解引起森林食品腐败变质的主要因素。
(5) 熟悉样品预处理的方法。

技能目标

(1) 能判定森林食品原料中的主要化学成分。
(2) 能分析森林食品加工的意义和发展现状。
(3) 能分析食品保藏的原理。
(4) 能熟练运用森林食品保藏的常用方法。
(5) 能针对原料的特点对样品进行去皮、护色、保脆等预处理。

任务 1.1　认识森林食品

森林食品是生长在森林中可供人类直接或间接食用的植物、动物、微生物以及它们的制成品。森林食品种类丰富，符合人类自然、环保、绿色生产技术要求，具有生态、优质、健康、营养等特点。森林食品在自然界中种类繁多，营养丰富，医疗和保健价值高。本任务要求通过学习森林食品的分类、特点和发展现状，认知森林食品是森林食品加工技术的前提和基础。

知识准备

1.1.1 森林食品的定义和特点

(1) 森林食品的定义

森林资源是人类生存和发展必不可少的重要物质基础,随着人类生活水平的提高和对自然资源认识的深入,森林食品资源的开发和利用受到了世界各国的广泛关注和高度重视。"回归自然""呼唤绿色"是现代人生活的主题,森林食品开发成为21世纪最具生命力的朝阳产业和绿色环保产业,已逐渐成为当今森林资源开发的主流方向,将为我国林业可持续发展注入强大的动力,并成为我国林业产业发展新的经济增长点。森林食品是遵循可持续经营原则,来自良好森林环境,符合森林食品认证程序(ZLC 004—2016)标准要求,具有原生态、无污染、健康、安全等特性的各类可食用林产品,如图1-1、图1-2所示。

图1-1 橘柚(纪颖 摄)

图1-2 锥栗(纪颖 摄)

(2) 森林食品的特点

①资源种类多、分布广 我国幅员辽阔,地跨寒、温、热三带,气候、土壤等自然条件适宜。据统计,我国林区仅木本植物约1900种。其中,芳香植物340多种,可开发利用的食用植物120多种,药用植物约400种,经济植物100多种,蜜源植物800多种;此外,还有多种食用菌,故被人们称为大自然的"绿色植物宝库""绿色金子"。

②营养价值丰富 在森林食品这个绿色宝库里有森林蔬菜、木本粮油、木本浆果等,这些森林食品都富含糖类、脂肪、膳食纤维、多种维生素、氨基酸和矿物质,具有丰富的营养价值。

③药用价值高 在森林中有很多林源药材,含有能预防和治疗疾病的活性物质,可用来防治疾病和医疗保健。例如,我国特有翅果油树其维生素E含量高,可治疗幼儿贫血、心血管疾病、生殖系统疾病、内分泌腺病变等,其亚油酸含量达45.2%。枸杞中富含的保健

成分枸杞多糖，有增强非特异性免疫的作用。银杏中的黄酮和内酯具有防止心血管疾病的作用等。

④无公害、纯天然、无污染　森林食品原料多生长于空气清新、光照充足的山林、荒野、路渠旁等洁净的自然环境条件下，不受或较少受"三废"的污染，是深受人们青睐，食用安全、卫生的食品。

1.1.2　我国森林食品分类

(1) 森林粮油

森林粮油是森林中富含淀粉和油脂类的植物资源，有许多森林植物的果实、块茎、块根的淀粉含量在20%以上，可以作为粮食直接食用，如枣、柿子、板栗、山杏等。据统计，板栗、柿子、枣等木本粮食在我国栽培面积已达270万hm^2，总产量达170万t，年出口量达63万t，其中开发利用的有40万t左右(不包括水果)。森林油料植物是指含油量在15%以上木本植物，共400多种，可利用的有220多种，广泛栽培的有30多种，如油菜、核桃、油橄榄等。据统计，我国目前有油料林逾600万hm^2。据分析，核桃油、茶籽油、油橄榄油等其亚油酸含量比常用的菜籽油高得多，营养更丰富。另有魔芋、蕨菜、葛藤等林中植物的块茎、块根也可加工成魔芋粉、蕨粉、葛粉等以供食用。

(2) 森林果蔬

森林果蔬又称"维生素食品"。我国果树资源有57科670多种，已开发的有刺梨、沙棘、无花果、猕猴桃、余甘子等。东北地区沙棘分布面积约100万hm^2，野生猕猴桃资源年产量为15万t，贵州省的刺梨年产量就达2万t左右，野生余甘子在福建、云南、贵州、广西等省份每年合计产量为20万t，银杏的年产7000t，产值2.8亿元。我国森林中的木本、草本、藤本、真菌等森林蔬菜达700多种，年平均生产量200万t，其中以叶菜为主的山野菜10万t，茎类的竹笋干10万t，菌类的香菇40万t。

(3) 森林饮料

号称世界三大饮料之王的茶叶、可可、咖啡，原先都是产于大森林中，后被广泛栽培利用而发展成为独立产业。现今开发的森林饮料主要是指利用森林植物的果、叶、花或花粉、汁液等为原料加工制成，森林饮料系列产品有液汁型、果汁型、树叶型、花粉型，如"超级水果"中华猕猴桃、沙棘果汁"沙维康"、天然饮料"椰子汁"等，均走俏市场。

(4) 森林肉食

森林禽兽类动物是森林肉食品的主要来源。我国这一类动物资源多达2100种，但必须在遵守《中华人民共和国野生动物保护法》的原则下，通过人工驯化、扩大繁殖，合理地开发利用，以获取肉食资源，改善人们生活，提高生活质量。另外，森林蜂类自身生长发育各虫态的躯体(如蜜蜂幼虫、蜜蜂蛹)就是一类昆虫食品资源。昆虫食品含有人体所需的氨基酸、维生素、蛋白质等营养物质，如蚕体中含有11种氨基酸，烤干的蝉含有72%的蛋白质，黄蜂含有81%的蛋白质，白蚁的蛋白质含量远比牛肉高，100g白蚁能产生2092.9J热量，而100g牛肉只能产生544.2J热量。

(5) 森林药物

森林素有"药用宝库"之美称，如野生灵芝(图1-3)、野生金线莲(图1-4)等。据文献记载，我国药用植物达5000余种，大多生长于森林之中。到目前为止，全国还有80%以上地区应用中草药预防和治疗各种疾病。如青蒿素是治疗疟疾的特效药；三尖杉碱、银杏叶黄酮、夹竹桃科植物中的长春碱对治疗癌症具有特效，这些森林药物都具有很高的经济价值和延年益寿的效果。

图1-3　野生灵芝(纪颖 摄)　　　图1-4　野生金线莲(纪颖 摄)

(6) 森林饲料

在许多国家，特别是在南亚、东南亚和非洲，森林饲料在畜牧业中占有重要地位。木本饲料是指木本植物的嫩枝叶、花、果实、种子及其加工的副产品，既可直接放牧利用，又可采集、切割、加工以后饲喂畜禽。我国有丰富的树木资源，其中可以用作木本饲料的有1000多种，如苹果、槐、桑、泡桐等，每年可提供几亿吨饲料。根据植物外貌特征，我国木本饲用植物资源可大致分为针叶乔木、阔叶乔木、竹类、灌木、半灌木及小半灌木等类型。

(7) 森林香料

森林香料植物是指那些含有芳香成分或挥发性精油的森林植物，这些挥发性精油可能存在于植物的全株或植物的根、茎、叶、花和果实等器官中。而食用香料植物则是指在饮食业中进行加香调味而用的植物性原料。我国天然香料植物共有400余种(其中木本香料植物有100多种)，现已开发利用的天然木本香料植物仅50余种，其中较重要的有八角、樟树、黄樟、肉桂等，还有更多的资源未被开发利用。香料植物在食品中具有调味调香、防腐抑菌、抗氧化等作用，还可以作为饲料的天然添加剂。根据食用香料植物的利用部位不同，可分为根茎类香料植物，如姜、石菖蒲等；茎叶类香料植物，如月桂、木兰、五味子等；花类香料植物，如菊花、桂花、金银花等；果实类香料植物，如花椒、柠檬、香橙等；树皮类香料植物，如斯里兰卡肉桂、中国肉桂、川桂皮等。

1.1.3　森林果实采收、分级与运输

(1) 采收

①采收成熟　果实到这个时期基本上完成了生长和物质的积累过程，母株不再向

果实输送养分，果实体积停止增长，种子已经发育成熟，达到可采收的程度，此外果实风味还未发展到顶点，需要经一段时间的贮藏完成内含物转化，风味才呈现出来。需长期贮存和长途运输的，宜在采收成熟时采收。

②食用成熟　能充分表现出本品种特有的外形、色泽、风味和芳香，在化学成分和营养价值上也达到最高点。如果是就地销售加工及近距离运输的果实，此时采收质量最佳，制作罐头水果、果汁、果酒、干果等均可此时采收。

③过熟　果实生理上已达到充分成熟，果肉中的分解过程不断进行使风味物质消失，变得淡而无味，质地松散，营养质量大大降低。例如，以种子供食用的干果都需要在此时或接近过熟时采收，留种果实也应在此时采收。

(2) 判断成熟度的方法

①果实大小和形状　一般在采收时，需待果实充分膨大至近于停止生长后才进行，但从果实大小进行判断不能作为其决定因素，只能作为依据之一。

②颜色和香味变化　目前生产中大多根据果实色泽变化来确定采收期。判断成熟度的色泽，主要以由深绿色到变黄的果皮底色为依据，辅以果实内色的变化。如'金冠'苹果需长期贮藏时宜在底色黄绿时采收。柿子、葡萄等在成熟时果皮表面形成不同颜色的果粉，散发不同香味，如玫瑰葡萄散发"玫瑰"味。

③果实硬度　成熟中由于果胶物质的降解，果实硬度逐渐降低。可用简单的测硬度仪器进行测定，以磅*/cm^2（或 kg/cm^2）表示。'红元帅''金冠'苹果在采收时硬度应在 17 磅/cm^2。

④果枝与果梗分离的难易　在生产过程中常用离层的形成情况来判断果实的成熟度，但是离层的形成会受气候条件的影响，如在果实生长后期，天气干燥或气温偏高，离层就易形成。因此，要结合当年的气候进行判断。

⑤果实中化学物质变化　常用果实中糖酸含量变化来判断适当采收期。如苹果糖酸比为 30∶1 时采收风味浓郁。

⑥果实的生长期　多数果蔬是从盛花期开始计算果实生长日期的。如'红星'苹果从盛花期到采收时间以 140~150 天为宜。

(3) 采后处理

①愈伤　主要用于蔬菜。在收获时如造成机械损伤，要人为创造愈合条件，给其较高的温度（代谢加快，利于愈合），使其愈合后易保存，如土豆、洋葱、蒜、南瓜等。例如，土豆愈合条件为 18.5℃以上，2 天时间，后温度降到 7.5℃，贮藏适温 3~5℃。

②贮藏干燥　所谓贮藏干燥即指去掉一部分水分，散发表层水分，为以后减少机械损伤、降低呼吸强度防止腐烂做准备。如白菜采收后就要晾晒。

③预冷　正式贮藏前的冷却。预冷主要是为防止微生物的侵染和过多水分损失以

---

* 1 磅=453.59g。

及降低呼吸强度，如未预冷，热量便会带入冷库，加大冷库负荷。预冷方法有：自然冷却、冷风冷却、水冷却、冰接触冷却、真空冷却。

（4）分级

为达到产品标准化、整齐化，现代商品要求进行分级处理。分级也使生产者、经营者、消费者三者之间有同一认定标准。在我国，水果归全国果品供销社主管，蔬菜归商业部主管。由于果蔬全国差异很大，故多使用地方标准(省、市级)。

（5）包装

①包装的作用　主要有第一，保护作用，保护商品质量，减少损耗(水分损失、机械损失、污染、日晒、风吹、雨淋等)；第二，便利作用，可把零星商品化零为整，定量包装，便于贮藏、运输、计量、销售，简化手续；第三，美化、宣传作用，商品经济社会中这点很重要，提高商品价格在市场竞争中起了很大作用。

②包装材料、容器　国内包装提倡就地取材，只要质量轻、坚固且无不良气味就可采用。比较规范化的是瓦棱纸箱，具有一定强度，缓冲性能强，同时兼有保温、保湿、透气作用，外观美观、规格一致，表面可附文字说明。对于桃、葡萄、草莓、番茄等，也可用条筐、篓等。对耐压果蔬来说，如红果、土豆等可用软包装，如麻袋、草袋等。

（6）运输

运输也称运动中的贮藏。运输同时也是冷链中的一个环节，应尽量满足果蔬的贮藏条件，减少震动损伤，主要应从包装、运输工具上加以考虑。

任务实施

1. 笋的采集

（1）器具材料

竹筐、大锄头、小锄头、铲子、耙子等。

（2）采集步骤

①全面翻土挖笋　可结合冬季垦复或松土进行。

②沿鞭翻土挖笋　即选择枝叶浓密、叶色深绿的孕笋竹，在其附近浅挖，找出黄色或棕色的壮鞭，沿鞭翻土就可以找到冬笋。

③开穴挖笋　在孕笋竹的周围，若地表泥块松动或开裂，脚踩后感到松软，地下必有冬笋(图1-5)，可用锄头开穴挖取。

（3）注意事项

①采春笋一般在3月中、下旬开始出土，挖春笋要遵循"早挖笋，不断挖笋，中后期笋选留母竹，后期笋全部挖光"的原则。即清明后10天以内的笋全部挖光，谷雨前后10天内出土的笋适当留竹，以后出土的笋全部挖光。

②采鞭笋一般夏秋季节，部分鞭梢伸出地面，一般称大暑前露出地面的鞭为"梅鞭"，大暑后露出地面的为"伏鞭"。"梅鞭"发芽早，生长期长，鞭粗壮有力，鞭芽饱满，发笋力强；而"伏鞭"生长期短，比较细弱，发笋少。因此，挖笋要挖大暑以后的"伏鞭"笋，挖笋后填平笋穴。而大暑前的"梅鞭"以埋为主，留养新鞭，以提高来年的出笋量。

2. 香菇的采集与保藏

（1）器具材料

笋筐、篮子、剪刀、小尖刀、塑料袋等。

（2）采集步骤

①采收时间的判定　菌盖还没完全伸展，边缘内卷，菌褶全部伸长，并由白色转成褐色时（图1-6），子实体已八成熟，为最佳采收期，采菇应在晴天进行。采收过早影响产量；采收过晚，菌伞充分展开，菌褶变色，肉薄，影响品质。

图1-5　冬笋（纪颖 摄）

图1-6　香菇（纪颖 摄）

②采收标准动作　拇指和食指捏住菌柄基部，左右摆动，然后轻轻一提即可采下。注意菌脚不要残留在菌筒上。

③保藏　短期保藏可置于阴凉通风处，长期保藏需要脱水干燥。

巩固训练

1. 训练要求

（1）以个人或小组为单位开展训练，组内成员要分工合作、相互配合完成训练任务。

（2）查找文献资料要全面，数据要准确。

（3）通过训练掌握森林食品营养价值丰富这一特点。

2. 训练内容

查文献资料完成常见森林食品中的营养成分(表1-1)。

表1-1 常见森林食品中的营养成分

种类	果糖(%)	葡萄糖(%)	总酸(%)	维生素C (mg/100g)	胡萝卜素 (mg/100g)	钙(mg/100g)	铁(mg/100g)
苹果							
梨							
桃							
杏							
猕猴桃							
椰子							
草莓							
蕨菜							
香菇							
竹荪							
黑木耳							

3. 成果

绘制一份"森林果蔬营养分类"的数据图(表)。

知识拓展

1. 森林食品开发的重要性

森林食品开发是保藏我国粮油安全的重要补充。据预测，到2030年中国人口将达到16亿，市场需求粮食6.4亿t(按现在每人每年粮食占有量400kg计)，食油消费量按接近目前的世界平均水平计，则木本食用油的市场需求量为300亿kg，缺口为230亿kg，供给与需求之间存在很大差距。我国国土虽然广大，但土地利用率低于世界平均水平，除去不能利用的沙漠、冰川、沼泽、城镇道路建设用地等，实际能用来进行农林牧生产的只占63.9%，而世界平均水平为66%，美国和印度高达87%和84%。因此，要从根本上保障国家的粮油安全，必须广开食物来源，依靠科技进步，大力开发森林食品。

森林食品很好地迎合了人们新的消费观念和消费文化。随着经济的高速发展和社会的持续进步，人类的自我保健意识正在日益增强，对食品的需求已由过去单纯的温饱型向营养型、功能型、绿色健康型转变，在食物的选择上不仅要求味美，更多地注重选择洁净未受污染的"绿色食品"和具有营养保健功效的"森林食物"。

森林食品开发将有力地推动农村产业结构调整，为解决"三农"问题，提高农民收入提供重要支撑。我国是一个多山的国家，山区面积占国土总面积的69%，山区人口占全国总人口的56%，特别是西部山区面积比例更大，贫困人口相对比较集中。山区经济的发展，特别是西部山区经济的发展，对于我国全面建成小康社会有着举足轻重的作用。森林食品业是山区经济的重要支柱，是山区经济重要的收入来源，同时还可以对外出口，给国家创汇，具有较高的经济效益。例如，我国以沙棘为原料，开发出了食品饮料、医药保健、日化、饲料、饵料等八大类200多种产品，年产值上亿元，为贫困山区人民脱贫致富闯出了一条新路。我国森林蔬菜已远销加拿大、美国、德国、日本、新加坡等20多个国家和地区以及我国香港、澳门，仅根类森林蔬菜年创汇就达7000多万美元。

森林植物栽培成本低，一般为多年生，一次种植可多年受益，效益高，市场竞争力强。例如，油茶从栽种到开始结果一般只要3~5年，而受益期长达50~60年，甚至更长，只要实行科学管理，合理经营，将会有长期收益。森林植物大多生长在野外，生长快且繁殖力强，具有耐干旱、耐贫瘠、耐盐碱并有较强的抗逆性的特点，由于其根系发达，大量种植不仅可以生产"绿色食品"，而且可以绿化荒山，提高森林覆盖率，有利于保持水土，调节气候。因此，发展森林食品，同时还具有显著的生态和社会效益。

2. 我国森林食品开发利用现状

(1) 森林食品开发利用的层次

森林食品资源的开发利用可归纳为3个层次：一级开发，是通过基础性研究摸清我国现有的森林食品资源，保存、扩大种质资源的数量（特别是濒危物种资源），提高它们的质量，为更深层次的开发打下物质基础；二级开发，是开发各类森林初产品和制剂，即实现森林食品的初级产业化，其目的在于将森林食品资源再加工为产品；三级开发，是深层次的产品开发，建立完备的加工体系，应用先进的科学技术，使其走上规模化生产、系列化开发之路，其目的是开发特色森林食品，提高产品附加值和市场竞争力。目前，我国森林食品资源开发现状为：一级开发已全面展开；二级开发刚刚起步，初显规模；三级开发有待探索。我国科研工作者开展了大量有关森林食品方面的研究工作，归纳有以下几个特点：大规模的资源调查已经结束，资源学、栽培学、植物化学、药理学和分析化学等学科密切结合，互相渗透，互相交叉，推动我国森林食品的发展；对森林食品资源进行系统的基础性研究的同时，结合实际开展了部分合理利用、开发等应用性研究；生物技术开始渗透并推动森林食品研究向深层次发展。

(2) 开发应用的典型森林食品

我国森林食品资源非常丰富，但与国外相比，开发较晚。经过数十年的发展，目前我国的森林食品加工应用领域异军突起，建立起了一批从事森林食品开发的企业。

我国开发利用较早的森林食品有"超级水果"中华猕猴桃、沙棘果汁"沙维康"、黑龙江的"桦叶小香槟""桦叶啤酒"以及"椰子汁""杏仁露"等。据资料，在近10年中我国生产的森林饮料投放市场的有越橘、竹汁、沙棘、猕猴桃等30多种。目前，市场上流通的典型森林食品系列产品有：①沙棘系列，沙棘含有总黄酮、白花青素、苦木素、香豆素、5-羟色胺、儿茶素等160多种生物活性物质，开发出了沙棘果粉、沙棘黄酮粉、沙棘果油、药用沙棘籽油、日化用沙棘油、沙棘黄酮软胶囊、沙棘籽油软胶囊、沙棘护肤品、沙棘果汁、沙棘果酱、沙棘果酒、沙棘绿茶、沙棘红茶、茉莉沙棘茶和玉兰沙棘茶等；②银杏系列，银杏加工产品可划分为三大系列——食用保健品系列、化妆护肤保健品系列和医药品系列，有全天然银杏汁、银杏罐头、银杏口服液、银杏保健饮料、银杏啤酒、银杏果晶、银杏露、银杏王以及用银杏叶提取物制作的护发乳、生发油、护肤膏、减肥雪花膏等；③杜仲系列，如杜仲胶囊、杜仲降压片、杜仲补腰精、杜仲茶、杜仲晶、杜仲冲剂、杜仲口服液、杜仲咖啡、杜仲可乐、杜仲酒、杜仲麻辣酱油、杜仲醋、杜仲糖果、杜仲面粉、杜仲牙膏、杜仲保健枕、杜仲保健腰垫、杜仲叶添加剂等。此外，森林植物提取物作为保健食品也发展较快，如银杏叶提取物（黄酮内脂）、枳实提取物（辛佛林）、干草提取物（干草酸）、人参提取物（人参皂苷）、绞股蓝提取物等，利用森林药材创制了不少抗癌药；利用蜂花粉生产花粉饮料、花粉药品等，如北京第六制药厂生产的"复方花粉王精""花粉人参蜂王精口服液""花粉健美片"，北京第三制药厂生产的"北京蜂王精胶囊"等。

（3）我国森林食品开发中存在的问题

①资源开发利用程度低　我国植物资源丰富，与可供开发的森林食品资源量相比，目前开发利用的种类较少，忽视了各地自身的名、优、特产品的开发。如长白山的药用植物总计932种，常年收购的种类不到50种。在认识的600多种香料植物中，开发利用的仅40多种。

②综合加工度低　有些森林食品资源加工手段十分粗糙，其原材料价格仅是制成品价格的1%~10%，忽视了多功能综合利用和新产品的开发，许多植物往往含有多种特殊有效成分，但只利用了其中的1~2种。如核桃楸，其核桃仁，营养丰富，具有强肾补脑之力，又可榨油；油粕可制蛋白饮料；叶、树皮、青果皮均可入药；干燥果皮可制炭，其他部位尚未利用，综合利用率较低。

③资源浪费和破坏严重　对资源的破坏和浪费较大，以栽培为主的保护性开发较少。就饮料植物的原料来说，多限于野生资源的采集和加工，所采集的野生植物不分品种、变种、变型、产地和采集时间，有效成分变化大，原料质量不稳定，产品质量难于保障。一些国家重点保护的珍稀物种，如天女木兰、东北刺人参、牛皮杜鹃等已近濒危。

④科学研究基础薄弱　目前，我国科技工作者虽在基础性研究方面做了一些工作，但研究的范围窄、程度浅，如对野生饮料植物的生态生物学特性，尤其是化学生态习性研究不够深入。我国天然抗氧化剂、杀菌剂除少数几种能批量生产之外，大部分还

停留在对植物的原始性认知上,深层次的研究比较薄弱,森林食品开发的理论研究和技术基础研究亟待加强。

3. 我国森林食品开发利用前景

(1) 加强森林食品资源的基础性研究

扩大研究范围,并对已经研究开发的森林食品植物继续进行生态、生物学习性调查,重点进行化学生态学研究。深入研究不同品种、变种、变型之间的化学成分差异及其与生态环境的关系,不同生育期植物有效成分的变化规律,寻求最佳品种及其采收期,为我国的森林食品深度开发利用提供理论基础。

(2) 积极开展引种驯化方面的工作

选择市场前景好,具有长期发展潜力的森林食品植物进行品种选育、高效栽培和示范推广工作,在适生区建立森林食品名、特、优商品生产基地,坚持天然野生资源利用与人工栽培基地建设并举,将原料来源由野生为主逐步过渡到人工规模栽培为主,保证产品的质量和原料的稳定供应。

(3) 大力发展森林产品精加工、深加工和综合加工

在全国筛选应用前景广阔的野生森林食品植物进行化学成分分析,有效成分的提取、分离及提纯等深层次研究,建立一批有一定规模的森林食品加工或销售龙头企业,使产、供、加、销、保鲜、运输、贮藏等各个环节衔接起来,使之成为社会经济的重要支柱。同时注重森林食品种质资源的保护,坚持保护和开发并重。

(4) 加大扶持力度,增加投入和政策扶持

针对我国目前森林食品业还比较弱小的现状,政府应加大扶持力度,增加投入,实行税收信贷优惠和倾斜政策,建立和营造有利于林业生物产业发展的机制和环境,促进林业生物产业快速、健康、有序、协调地发展。

自主学习资源库

(1) 中国森林食品认证中心 http://cffc.eco.gov.cn/approve/srvPage? pageID=Menu_main.

(2) 食品伙伴网 http://www.foodmate.net.

(3) 绿色食品概论. 王文焕. 化学工业出版社,2012.

(4) 有机食品生产技术概论. 张放. 化学工业出版社,2012.

任务 1.2 食品保藏入门

食品保藏是专门研究食品腐败变质的原因及食品保藏方法。森林食品保藏技术是针对森林食品的特点,根据可能引起森林食品变质的各种因素而对森林食品采取一些手段，从而达到一定时间的贮藏效果。在学习森林食品加工技术之前，先要掌握森林食品保藏的基本原理，理解各种森林食品腐败变质现象的机理，再提出合理的、科学的防止措施，可以为森林食品加工提供理论基础和技术依据。本任务要求学习森林食品贮存、防止变质的基本理论、森林食品保藏的基本方法，为森林食品加工奠定理论基础。

知识准备

1.2.1 食品腐败的本质

食品的腐败变质是指食品受到各种内外因素的影响，造成其原有的化学性质或物理性质发生变化，降低或失去其营养价值和商品价值的过程。食品腐败变质的过程实质上就是食品中碳水化合物、蛋白质、脂肪在污染微生物的作用下分别发生变化、产生有害物质的过程。

（1）生物学因素

①类型及特点　细菌造成的变质，一般表现为食品的腐败，是由于细菌活动分解食物中的蛋白质和氨基酸，产生恶臭或异味的结果。霉菌易在有氧、水分少的环境中生长发育，在富含淀粉的食品中也容易滋长霉菌。

②影响微生物生长发育的主要因素　大多数细菌较适宜中性或弱碱性的环境，霉菌和酵母适宜弱酸的环境，一般以 pH 4.6 为界限。一般情况下，大多数细菌要求水分活度A_w>0.94，大多数酵母要求A_w>0.88，大多数霉菌A_w>0.75。根据微生物适宜生长的温度范围，可将微生物分为嗜冷性、嗜温性和嗜热性3个类群。

③其他生物　害虫和啮齿动物是造成森林食品病害而腐败变质的一类生物。例如，常见危害砂糖橘的蚜虫有橘蚜、橘二叉蚜、绣线菊蚜，属同翅目蚜虫科。蚜虫以成虫和若虫吸食砂糖橘嫩梢、嫩叶、花蕾及花的汁液，使叶片卷曲，叶面皱缩，凹凸不平，不能正常伸展。受害新梢枯萎，花果脱落。蚜虫排出的蜜露还会诱发煤烟病，并招引蚂蚁取食而驱走天敌。蚜虫类害虫每年发生，世代多，繁殖力强。

（2）化学因素

①褐变　酚酶的作用使果蔬中的酚类物质氧化而呈现褐色，这种现象称为酶促褐变。没有酶参与而发生的褐变称为非酶褐变，主要有美拉德反应引起的褐变、焦糖化反应引起的褐变以及抗坏血酸氧化引起的褐变等。

②呼吸作用　在酶的参与下进行的一种缓慢的氧化过程，使食品中复杂的有机物质被分解成简单的有机物质，并放出热量，分有氧呼吸和无氧呼吸。

③氧化作用　脂肪水解的游离脂肪酸，特别是不饱和游离脂肪酸的双键容易被氧化，生成过氧化物并进一步分解的结果。

(3) 环境物理因素

主要有温度、水分、光照。

(4) 其他因素

①机械损伤　果蔬在采收、贮运、加工前等环节处理不当，会产生机械性损伤。

②乙烯　它是促进成熟和衰老的一种植物激素，控制生长、衰老的许多方面，痕量就有生理活性。

③外源污染物　包括环境污染、农药残留、滥用添加剂、包装材料等。

1.2.2　食品保藏的基本原理

(1) 食品保藏的分类

食品保藏按原理分为制生、抑生和促生。制生指停止食品中一切生命活动和生化反应，杀灭微生物，破坏酶的活性。抑生指抑制微生物和食品的生命活动及生化反应，延缓食品的腐败变质。促生指促进生物体的生命活动，借助有益菌的发酵作用防止食品腐败变质。

(2) 食品保藏方法

①维持食品最低生命活动的保藏法　包括冷藏法、气调法等，此法主要用于新鲜水果、蔬菜等森林食品的活体保藏。

②抑制变质因素活动达到保藏目的的方法　主要有：冷冻保藏、干藏、腌制、熏制、化学保藏等。

③通过发酵保藏食品　通过培养有益微生物进行发酵，利用发酵产物——乳酸、乙醇等来抑制腐败微生物的生长繁殖，从而保持森林食品品质的方法。

④利用无菌原理来保藏食品　即利用热处理、微波、辐射等方法，将森林食品中的腐败微生物数量减少到无害的程度或全部杀灭，从而长期保藏的方法。

1.2.3　森林食品保藏的常用方法

(1) 短时间保存

如果需要短期保存，一定要做到两个原则：一是尽量保持新鲜状态；二是及时清洗、包装和冷却。

(2) 长期保存

①高温处理　为了确保商业无菌，通常是把森林食品中所有致病性菌中最耐热的肉毒梭状芽孢杆菌作为对象菌设计杀菌条件，在湿热条件下121℃，15min或更长时间，可以将其杀死，从而保障森林食品安全。

②低温处理　随着温度下降，微生物的生长速度也在下降，当食品的水分冻结时，微生物繁殖能力丧失，因此将森林食品进行冷藏和冻藏，可以达到在相当长一段时间保存的目的。

③干燥处理　微生物生存需要水分，只要具有一定含量的水分，微生物就能生长繁殖，干燥会导致微生物细胞失水而造成代谢停止以致死亡，所以控制了水分，就控

制了微生物的生长繁殖,从而实现长时间的保存森林食品的目的。

④酸处理　除了嗜酸菌外,多数微生物在较低的pH值时活性低下。文献表明不同种酸混合使用比单一种酸抑菌效果更好,如果将酸处理和热处理结合,也会达到更好的防腐效果。

⑤腌制处理　因为微生物细胞生存需要一定的渗透压,所以使用一定浓度的糖液和盐液对森林食品进行腌制,使其细胞脱水,抑制微生物细胞活性,从而实现较长时间保存森林食品的目的。

⑥烟熏处理　烟熏的防腐作用是许多因素的综合结果。如烟熏成分渗入森林食品内部防止氧化,烟熏一定程度使制品脱水,烟熏的加热也可以杀菌消毒等。

⑦调节气体成分　食品中的微生物大多数是好氧菌,对于好氧菌来说,除去氧使其生存受到限制是最佳方法,因此真空包装或者充入惰性气体的方式,可较长时间保藏森林食品。

⑧化学药品处理　许多化学药品可以杀死微生物或抑制微生物的生长,这是森林食品化学保藏的原理。

⑨辐射处理　利用原子能射线的辐射能量,对森林食品及其制品进行杀菌、杀虫、抑制发芽、延迟后熟等处理,从而达到保藏的目的。

任务实施

新鲜水果的保藏

(1)仪器设备

天平、电磁炉、人工气候培养箱、烧杯及量筒等玻璃器皿、计算器、Excel数据分析软件。

(2)材料与试剂

青枣、葡萄、龙眼等水果,聚乙烯薄膜袋,0.1%苯甲酸钠,1%氯化钠,2%玉米醇溶蛋白,1.5%淀粉,0.2%壳聚糖,0.1%脱氢醋酸钠。

(3)操作步骤

①清洗　将新鲜的水果用流动水冲洗并晾干。

②浸果　将晾干的果实浸入不同的化学试剂中5min,捞起晾干。

③包装　用聚乙烯薄膜袋包装,在包装袋上打孔。

④贮藏　将包装好的果实放入人工气候培养箱中贮藏,培养温度为10℃。隔天观察。

(4)计算的果实

观察后,计算好果率,完成表1-2。

$$好果率=(总果数-烂果数)/总果数×100\%$$

表1-2 水果保鲜过程中好果率的统计表

各类处理	苯甲酸钠	海藻酸钠	羧甲基纤维素钠	淀粉	壳聚糖	脱氢醋酸钠
第2天的好果率						
第4天的好果率						
第6天的好果率						
第8天的好果率						
第10天的好果率						
第12天的好果率						
第14天的好果率						

巩固训练

1. 训练要求

(1)以个人或小组为单位开展训练，组内成员要分工合作、相互配合完成训练任务。

(2)查找文献资料要全面，数据要准确。

(3)通过训练总结保鲜剂在食品保藏中的应用。

2. 训练内容

查阅文献资料，分析常用保鲜剂的优点、种类、使用范围和安全性，并完成表1-3。

表1-3 常用保鲜剂的使用范围

名 称	种 类	优 点	使用范围	安全性
海藻酸钠				
羧甲基纤维素钠				
茶多酚				
壳聚糖				
苯甲酸钠				
脱氢醋酸钠				
漂白粉				
山梨酸钾				

3. 成果

形成一份"食品保鲜剂的使用调查表"。

知识拓展

1. 食品保藏的历史

(1)《诗经》中"凿冰冲冲,纳于凌阴",指的是天然冰保藏食品。我国劳动人民曾利用井窖、地沟和土窖洞等保藏食品。

(2)1809 年,法国人 Nicolas Appert 发明罐藏食品被认为是现代食品保藏技术的开端。

(3)1834 年,英国人 Jocob Ferking 发明了以乙醚为制冷剂的压缩式冷冻机。

(4)1860 年,法国人 Carre 发明了以氨为制冷剂,以水为吸收剂的吸收式冷冻机。

(5)1872 年,美国人 David 和 Boyle 发明了以氨为制冷剂的压缩式冷冻机,人工冷源逐渐代替自然冷源,食品保藏发生了根本性变革。

(6)1908 年,出现化学品保藏技术。

(7)1918 年,气调冷藏技术应用于果蔬、粮食、鲜肉、禽蛋及加工食品的保藏。

(8)1943 年,出现食品辐照保藏技术。

(9)1968 年,我国有了第一个水果冷库;20 世纪 80 年代,迅速发展,引进气调设备。

2. 我国食品保藏行业存在的问题

(1)低温贮藏运输设置不足,冷链系统尚未完全建立,致使许多食品及其制品仍然在常温下贮藏、运输和销售,腐烂变质快,损失惨重。

(2)农业产业化体系不健全,食品生产、贮藏、销售等环节脱节,生产者片面追求产量,导致产品质量低、贮藏性差、货架期短、市场竞争力不强,这也一定程度造成浪费。

(3)食品市场信息系统和服务体系不健全,盲目生产,凭经验贮藏,自找市场的现象非常普遍。

(4)企业经营规模小,管理水平低,硬件设施和技术投入不足,很难满足食品保藏的技术需要。

(5)质量管理问题值得关注。例如,食品原料生产阶段的化肥、农药、饲料添加剂残留,加工过程的添加剂污染,保藏中防腐添加剂过量,食品贮藏库消毒剂污染等。

3. 食品保藏新技术

(1)生物冷冻蛋白技术

生物冷冻蛋白单体加速冰核形成的能力(冰核活性)低,当其形成多聚体后,则具有很强的冰核活性,这种蛋白多聚体可以作为水分子冷冻结晶的模板,在略低于 0℃ 的较高冷冻温度下诱发和加速水的冷冻过程。能产生这种生物冷冻蛋白的细菌被称为冰核细菌，常见的冰核细菌包括丁香假单胞菌属(*Pseudomonas*)、欧文氏菌属(*Erwinia*)、黄单胞菌属(*Xanthomonas*)。目前，在待冷冻食品物料中添加冰核细菌的冷冻技术在食品冷冻干燥和果汁冷冻浓缩中已有应用，它是生物技术在食品中的一项独特应用。特别在食品冷冻浓缩方面，利用冰核细菌辅助冷冻的优势在于，可以提高食品物料中水的冻结点，缩短冷冻时间，节省能源，促进冰晶的生长，形成较大尺寸的冰晶，在降低冷冻操作成本的同时，使后续的冰晶与浓缩物料的分离变得容易，使食品物料在冰晶上的夹带损失降低，提高冰晶纯度，减少固形物损失。

(2)栅栏技术

单一地使用一种保藏技术，难以达到令人满意的结果，如冷藏技术是目前应用的较为广泛的技术，但是其储藏期间发生重结晶现象会导致食品新鲜度降低，另外冷藏需要的能耗也大。辐照技术虽说有其独特的优越性，且能耗少，但是细菌的芽孢比一般植物细胞对辐照的抵抗力要强，需要增加辐照剂量，标准的商业剂量照射也不能除去食品中的毒素，另外，某些果蔬和乳制品经过辐射后的保存期和质量也下降。栅栏技术最早是由德国 Kulmbach 肉类研究中心 Leistner 和 Roble 教授于1976年首先提出来用于食品防腐保鲜的新概念。栅栏技术是多种技术合理结合，通过各个保藏因子(栅栏因子)如水分活度、防腐剂、温度、pH 等的协同作用建立一整套屏蔽体系即栅栏效应，控制微生物的生长繁殖以及引起食品氧化变质的酶的活性，阻止食品腐败变质。对于每一种质量稳定的食品来说，其都有一套固有的栅栏因子，通过适当的调节使食品的栅栏因子控制在一个最适的范围内，有效保证食品品质的稳定。栅栏因子共同作用的内在统一称作栅栏技术。栅栏技术的目的就是应用栅栏因子的有机结合来改善食品的整体品质。栅栏技术已是现代食品工业最具重要意义的保鲜技术之一。

自主学习资源库

(1)食品伙伴网 http：//www.foodmate.net.
(2)食品保藏原理与技术.曾名涌.化学工业出版社,2013.
(3)食品贮藏保鲜技术.于海杰.武汉理工大学出版社,2017.
(4)食品贮藏保鲜.蒋巧俊.北京师范大学出版社,2015.

任务1.3 食品加工前处理

样品保藏前的处理又称预处理，是指在进行食品加工以前进行的准备过程。针对森林食品的特点和加工工艺的需求，预处理具体应用领域也随之改变，常见的预处理主要包括去皮、去核、修整、护色、保脆、预煮等环节。本任务要求学习原料的去皮、护色、保脆、预煮等的基本知识，为森林食品加工奠定理论基础。

 知识准备

1.3.1 去皮

(1) 去皮的作用

因为森林食品的果皮一般都比较坚硬、粗糙，有的具有不良风味，在加工中容易引起不良后果，所以必须去除。

(2) 分类

①手工去皮　用特别的刀、刨等工具人工剥皮，这类方法去皮干净、损失少，但劳动效率低。常用于柑橘、苹果、梨、柿、枇杷、芦笋、竹笋、瓜类等。

②机械去皮　如旋皮机，主要用于苹果、梨、柿、菠萝等；擦皮机，主要用于土豆、甘薯、胡萝卜等；专用去皮机械，主要用于青豆、黄豆等。

③碱液去皮　利用碱液的腐蚀性来使蔬菜表面中胶层溶解，从而使果皮分离。一般用氢氧化钠，腐蚀性强且价廉，可在碱液中加入表面活性剂，如2-乙基己基磺酸钠，使碱液分布均匀以帮助去皮。碱液去皮时碱液的浓度、处理的时间和碱液温度，应视不同果蔬种类、成熟度、大小而定。碱液浓度提高、处理时间长及温度高都会增加皮层的松离及腐蚀程度。经碱液处理后的果蔬必须立即在冷水中浸泡、清洗、反复换水直至表面无腻感，口感无碱味为止。漂洗必须充分，否则可能导致pH上升，杀菌不足，产品败坏。

④热力去皮　果蔬用短时高温处理后，表皮迅速升温，果皮膨胀破裂，与内部果肉组织分离，然后迅速冷却去皮，适合于成熟度高的桃、李、杏等。热去皮的热源主要有蒸汽和热水。此法原料损失少，色泽好，风味好。

⑤酶法去皮　在果胶酶的作用下，柑橘的囊瓣中果胶水解，脱去囊衣，关键是要掌握酶的浓度及酶的最佳作用条件，如温度、时间等。

⑥冷冻去皮　将果蔬在冷冻装置中冻至轻度表面冻结，然后解冻，使皮松弛后去皮，此法适用于桃、杏、番茄等，质量好但费用高。

⑦真空去皮　将成熟的果蔬先行加热，使其升温后果皮与果肉易分离，接着放入有一定真空度的真空室内，适当处理，使果皮下的液体迅速"沸腾"，皮与肉分离，然后破除真空，冲洗或搅动去皮。此法适用于成熟的桃、番茄等。

1.3.2 切分、去核(心)、修整、破碎

体积较大的果蔬原料在罐藏、干制、加工果脯、蜜饯及蔬菜腌制时，需切分和去核(心)。有时为了使原料加工后保持良好外观，还要进行修整。这些都需要一些专用的小型工具，如过核器(山楂、枣)、刺孔器(金柑、梅)、劈桃机、多功能切片机。破碎常用破碎打浆机完成。

1.3.3 护色

（1）变色的类型

森林食品原料中含有糖、有机酸、单宁、色素和含氮物质等。这些物质在加工过程中，容易引起颜色的变化。

①酶褐变　原料中单宁和其他酚类的化合物，以及氨基酸等在氧化酶和过氧化酶的作用下，逐渐变成褐色。

②非酶褐变　在无酶参与的条件下形成的褐变，主要有氨基酸与还原糖的变色反应、含氮物质与有机酸的变色反应、单宁与碱作用变色、糖的焦糖化变色等，同时还发生制品风味、营养成分的变化。

③色素物质变色　森林食品本身含有色素，主要有胡萝卜素、花青素、叶绿素、叶黄素。叶绿素在氧和阳光下极易受到破坏而失去鲜嫩的颜色，在酸性条件下，氢与叶绿素中的镁生成黑色素；花青素会随着 pH 改变而出现不同颜色，酸性为红色、碱性为蓝色、中性为紫色，相当不稳定。

④金属变色　重金属也会促进褐色，单宁遇铁变黑色，遇锡加热变成玫瑰色；蛋白质与硫、铁、铜作用而呈黑色。

（2）护色的措施

①防止酶褐变方法　选择含单宁、酪氨酸少的加工原料，如柑橘、莓类；控制 O_2 的供给，创造缺氧环境，如抽真空、抽气充氮、使用石氧剂等；钝化酶，如热烫、食盐溶液浸泡、亚硫酸盐溶液浸泡、硫溶液浸泡。

②防止非酶褐变的方法　选用氨基酸和还原糖含量少的加工原料；应用 SO_2 处理，对非酶和酶都能防止；应用热水烫漂；保持酶性条件可使糖分解慢，抑制有色物质形态；保持产品低水分含量，贮存环境，保持低温干燥。

③染色　为了让森林食品制品具有鲜明的色泽，可以进行人工染色，增进制品的感官品质。染色可以用天然色素和人工色素。

1.3.4 硬化和保脆

许多森林食品需要有不同程度的松脆质地，需要在加工前进行硬化和保脆处理。对于肉质柔软的原料经过硬化处理后，组织团结，硬度增加，提高原料的耐煮性，保持原料的美观。

常用的硬化剂有氯化钙、石灰、亚硫酸氢钙等，将原料放置在硬化剂配制成的稀溶液中，浸渍适当的时间，再将多余的硬化剂漂洗掉，就可以提高原料的硬度。

1.3.5 硫处理

硫处理是森林果品加工中的重要技术，它可显著改善果制品色泽、营养和保藏性。在果干、果脯、罐头、果酒等加工中广为应用。

(1)硫处理的目的
①护色。
②提高营养物质特别是维生素 C 保存率。
③增加细胞膜渗透性,加快糖分的渗透,缩短糖渍时间。
④抑制原料表面的微生物活动,抑制腐败变质。
(2)硫处理的方法
①熏硫　在一个容器里,燃烧一定量的硫黄,产生 SO_2 进行熏制。
②浸硫　用亚硫酸或亚硫酸盐浸泡原料。

1.3.6　烫漂

森林食品加工前一定要进行预煮(烫漂),将已切分的或其他预处理的新鲜原料放入沸水或蒸汽中进行短时间的处理。它可加热钝化酶;软化或改进组织结构;稳定或改进色泽;除去果蔬的部分辛辣味和其他不良气味;降低果蔬中污染物和微生物数量。果蔬烫漂常用蒸汽和热水两种方法。为了保护绿色果蔬的色泽,常在烫漂的水内加入碱性物质,如碳酸氢钠、氢氧化钙等,但这样维生素 C 损失大。果蔬烫漂的程度应根据果蔬的种类、块形、大小、工艺要求等条件而定。烫漂后的果蔬要及时浸入冷冰中,防止过度受热,组织变软。

任务实施

1. 果蔬去皮

(1)仪器设备
天平、电磁炉、温度计、计时器、烧杯及量筒等玻璃器皿。
(2)材料和试剂
马铃薯、红萝卜、橘子、西红柿、氢氧化钠、果胶酶。
(3)操作步骤
①马铃薯的碱液去皮　用不同碱液浓度(5%~15%,40℃的条件下)中处理果实10min,观察去皮效果。
②红萝卜的热力去皮　将果实在不同温度(60~90℃,20min)的作用下处理后,观察去皮效果。
③橘子的酶法脱囊衣　橘子果肉在不同果胶酶浓度(1%~5%)的作用下处理10min,观察脱囊衣的效果。
(4)列表分析上述去皮方法的优缺点

2. 果蔬护色

(1)仪器设备
不锈钢刀、菜板、电磁炉、研钵、离心机、托盘天平、分光光度计、烧杯等玻璃器皿，Excel 数据分析软件。

(2) 材料和试剂

苹果或马铃薯，0.4%柠檬酸溶液、0.4%亚硫酸钠溶液、0.4%异抗坏血酸钠溶液、0.4%食盐水、95%的乙醇。

(3) 操作步骤

①切片　用不锈钢刀切取苹果或马铃薯各 10 片。

②护色试验　在 0.4%柠檬酸溶液(编号Ⅰ)、0.4%亚硫酸钠溶液(编号Ⅱ)、0.4%异抗坏血酸钠溶液(编号Ⅲ)、0.4%食盐水(编号Ⅳ)、对照试验(编号Ⅴ)溶液中放苹果或马铃薯各 2 片，注意淹没切片，处理 10min，取出置于室温下。

③褐变数值的测定　每 15min 将上述各种样品各取 3g 捣碎、均质，加入 10mL 95%的乙醇，摇匀后，经 4000r/min 离心 10min，用分光光度计在 420nm 处测上层清液的吸光度 A，以吸光度 A 值来衡量褐变度的大小。

(4) 数据分析

将上述不同方法对果蔬褐变指数绘制成折线图，分析图中显示的数据规律。

巩固训练

1. 训练要求

(1) 以小组为单位开展训练，组内成员要分工合作、相互配合完成训练任务。

(2) 分光光度计的使用要规范，数据要准确。

(3) 通过训练总结预煮对酶活力的影响。

2. 训练内容

原料清洗—硬化处理—烫漂—提取酶液—测吸光度。

3. 成果

将上述实验写成一篇 1000 字左右的小论文，包括实验目的、实验原理、实验过程、实验结果和讨论。

知识拓展

1. 气调保鲜的历史

法国科学家首先研究了空气对苹果成熟的影响，于 1821 年发表了研究成果，获得了科学院物理奖。

1860 年英国建立了一座气密性较高的贮藏库，贮藏苹果库温不超过 1℃。试验结果表明苹果质量良好，但当时未被重视。

1916 年英国的基德和韦斯德两人对苹果进行贮藏试验。开始只调节空气成分，试验失败。以后在冷藏的基础上调节气体成分，试验成功。

1929年在英国建立了第一座气调库，贮藏苹果30t，库内气体含氧量为3%~5%、二氧化碳为10%。

1933—1941年英国经过十多年的研究于1941年发表报告，提供了气体成分和温度参考数据，以及气调库的建筑方法和气调库的操作等有关问题研究。

1962年美国研制成功燃料冲洗式气体发生器，用丙烷来燃烧，使空气中氧减少、二氧化碳增高。从此达到了真正的气调贮藏，使气调冷藏技术进入了一个新阶段。

我国对气调贮藏研究始于20世纪70年代后期，于1978年在北京建成第一座50t的实验性气调库。

2. 气调的定义

气调保藏法是指将食品贮藏在一个相对密闭的贮藏环境中，根据需要调整环境气体的组成以延长食品寿命的方法。气调技术主要应用于果蔬保鲜方面，但如今已经发展到肉、禽、鱼、焙烤食品等的保鲜。

3. 气调的特点

(1) 保鲜效果好。

(2) 保鲜期长，货架期长。

(3) 贮藏损失少。

(4) 无污染。

4. 气调的原理

在一定的封闭体系内，在维持果蔬生理状态和适宜的低温下，通过各种调节方式得到不同于正常大气组成的调节气体，以此来抑制食品本身引起食品劣变的生理生化过程或抑制作用于食品的微生物活动过程，从而达到延长贮藏期和提高贮藏效果的目的。气调主要以调节空气中的氧气和二氧化碳为主，一方面，引起食品品质下降的食品自身生理生化过程和微生物作用过程，多数与氧和二氧化碳有关；另一方面，许多食品的变质过程要释放二氧化碳，二氧化碳对许多引起食品变质的微生物有直接抑制作用。

自主学习资源库

(1) 食品伙伴网 http://www.foodmate.net.

(2) 果蔬贮藏保鲜技术. 张恒. 四川科学技术出版社, 2014.

(3) 果蔬保鲜与加工. 王丽琼, 徐凌. 中国农业大学出版社, 2010.

单元 2 森林食品加工工艺

学习内容

项目 2　森林食品罐藏
任务 2.1　分析罐头加工工艺
任务 2.2　林产食品罐头制作
任务 2.3　糖水罐头制作
项目 3　森林食品干藏
任务 3.1　分析食品干制工艺
任务 3.2　森林果品干制
任务 3.3　山珍野菜干制
项目 4　森林饮料加工
任务 4.1　饮料工艺中原辅材料处理
任务 4.2　植物蛋白饮料加工
任务 4.3　果蔬汁饮料加工
项目 5　森林食品腌制
任务 5.1　分析腌藏工艺
任务 5.2　果脯蜜饯制作
任务 5.3　酱腌菜制作

项目2　森林食品罐藏

学习目标

知识目标

(1) 掌握罐藏的定义。
(2) 理解罐藏的基本原理。
(3) 掌握清水罐头、调味罐头、水果罐头的定义和特点。
(4) 熟知林产食品罐头加工的要点。
(5) 理解水果罐头加工的原理。

技能目标

(1) 能把握罐藏加工要点。
(2) 会分析罐头杀菌的工艺条件。
(3) 能分析各类森林食品罐头的制作工艺。
(4) 能独立设计有特色的森林罐头食品。

任务2.1　分析罐头加工工艺

罐头是我国具有传统特色的产业，也是整个食品工业中起步较早的产业，森林食品罐藏工艺是森林食品的重要组成部分。分析罐头加工技术的基本原理和操作步骤，能为罐藏类森林食品加工打下理论基础。本任务学习罐藏原理、罐藏容器类型及罐藏加工各步骤的工艺要点。

知识准备

2.1.1 罐藏的定义与特点

（1）定义

罐藏是将食品原料经预处理后密封在容器或包装袋中，通过杀菌工艺杀灭大部分微生物，在维持密闭和真空的条件下，可以于室温下长期保藏食品的一种方法。凡用罐藏方法加工的食品称为罐藏食品。

（2）罐头食品的特点

罐头的特点有：经久耐藏，在常温下可保存 1~2 年不败坏；食用方便，无需另外加工处理；食用安全卫生；罐藏可以起到调节市场的目的。

2.1.2 罐藏基本原理

（1）高温对微生物的杀灭作用

微生物高温死亡的原因：加热使微生物细胞内蛋白质凝固而死亡；加热对微生物有致毒作用；加热使微生物体内脂类物质的性质发生变化。

（2）影响微生物的耐热性的因素

①污染菌的种类和数量　不同菌种耐热程度不同；同一菌种所处生长状态不同，耐热性也不同；嗜热菌芽孢耐热性最强，厌氧菌芽孢次之，需氧菌芽孢最弱；热处理后的残存芽孢经培养繁殖后新生芽孢的耐热性较原来强。同一菌种单个细胞的耐热性基本一致，但微生物菌群的耐热性与一定容积中存在的微生物数量有关，数量越大，全部杀死所需时间越长，微生物菌群所表现的耐热性越强。

②热处理温度和时间　超过微生物正常生长温度范围的高温环境，可以导致微生物的死亡。提高温度可以减少热致死时间。

③pH　微生物在中性时的耐热性最强，pH 偏离中性的程度越大，微生物耐热性越低，在相同条件下的死亡率越高。

④食品成分　脂肪能增强微生物的耐热性。糖浓度很低时，对微生物耐热性影响较小；糖的浓度越高，越能增强微生物的耐热性。蛋白质含量在5%左右时，对微生物有保护作用；含量到15%以上时，对耐热性没有影响。食品中无机盐种类很多，使用量相对较多的是食盐，低浓度食盐(<4%)对微生物有保护作用，高浓度(>4%)时，微生物耐热性随浓度升高明显降低。

（3）微生物耐热性参数

①热力致死温度　表示将某特定容器内一定量食品中的微生物全部杀死所需要的最低温度。

②热力致死速率曲线　表示某一种特定的细菌在特定的条件和特定的温度下，其总的数量随杀菌时间的延续所发生的变化。以热处理(恒温)时间为横坐标，以存活微

生物数量为纵坐标,可以得到一条对数曲线,即微生物的残存数量按对数规律变化(图2-1)。

③D 值　从活菌残存数曲线的方程中可知,D 为直线经过一个对数循环时($\log a - \log b = 1$)所需要的时间,单位为 min,通常称为指数递减时间,也就是在一定条件和一定致死温度下,在原有残菌数的基础上,每杀死90%的原有残菌数所需时间。D 值越大,表示杀灭同样百分数微生物所需的时间越长,说明这种微生物的耐热性越强。

④热力致死时间曲线　又称热力致死温时曲线。热力致死时间曲线以热杀菌温度 T 为横坐标,以微生物全部死亡时间为纵坐标,表示微生物的热力致死时间随热杀菌温度的变化规律(图2-2)。

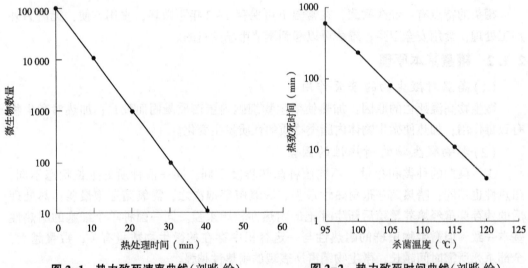

图 2-1　热力致死速率曲线(刘晔 绘)　　图 2-2　热力致死时间曲线(刘晔 绘)

⑤Z 值　Z 值是热力致死时间按 1/10 或 10 倍变化时相应的加热温度变化。也可以定义为热力致死时间或仿热力致死时间曲线横过一个对数循环时所需的温度变化,单位为℃。

⑥热力指数递减时间(TRT)　指在任何特定热力致死温度条件下,将细菌或芽孢数减少到一定程度,如或 $1/10n$(即原来活菌数的 $1/10n$)时所需热处理时间。TRT 其实为 D 值的扩大,D 值为细菌减少一个90%所需时间,而 TRT 则为减少到原来 $1/10n$ 所需时间。

(4) 高温对酶活性的钝化作用

酶也是引起食品品质变化的重要因素。绝大多数酶在80℃以上即被钝化,只有部分酶比较耐热。一般认为经过杀菌处理,其中的酶也已经失活。

(5) 食品的传热

①完全对流型　液体多、固形物少,流动性好的食品。如果汁、蔬菜汁等。

②完全传导型　内容物全部是固体物质。如午餐肉、烤鹅等。

③先传导后对流型　受热后流动性增加。如果酱、巧克力酱、番茄沙司等。
④先对流后传导型　受热后吸水膨胀。如甜玉米等淀粉含量高的食品。
⑤诱发对流型　借助机械力量产生对流。如八宝粥罐头。

(6)影响罐内食品传热速率的因素
①罐内食品的物理性质　主要指食品的状态、块形大小、浓度、黏度等。
②初温　指杀菌操作开始时，罐内食品冷点处的温度。
③罐藏容器　主要指容器的材料、容积和几何尺寸。
④杀菌锅　杀菌锅的类型、杀菌操作的方式。

2.1.3 罐藏基本过程

(1)罐藏原料的选择与前处理

各类罐头的食品原料必须是非常新鲜的，鱼体必须是完整的，肉必须采用经过僵硬期后的肉(一般牛肉为12~24h，小牛肉为4~8h后)，水果在未成熟时，酸度太高，不宜作为罐头食品的原料，必须采用成熟度适中的水果。

原料在进入生产之前，必须严格挑选和分级，剔除不合格的原料，同时根据质量、新鲜度、色泽、大小等分为若干等级，挑选分级后的原料，须分别进行清洗、挑选、分级、去骨、去皮、去鳞、去头尾、去内脏、去核、脱囊衣等处理，然后根据各类产品规格要求，分别进行切块、切条、切丝、打浆、榨汁、浓缩、预热、烹调等处理后方可装罐。

(2)装罐

①容器种类　有金属罐、玻璃罐和软罐。容器要求是：对人体无毒；具有良好的密封性能；具有良好的耐腐蚀性能；适合工业化生产；美观、携带使用方便、环保等。

②容器清洗　由于容器上附着有灰尘、微生物、油脂等污物及残留的焊药水等，影响食品卫生，为此在装罐之前必须进行洗涤。清洗可用手工或机械的方法，机械方法是通过喷射蒸汽或热水来清洗。

③容器消毒　如果是马口铁罐，在小型企业中，多采用人工操作，即将空罐放在沸水中浸泡0.5~1.0min，取出后倒置沥干水分。在大型企业中，一般采用洗罐机洗罐和消毒。洗罐机的种类很多，有链带式、滑动式、旋转式等，基本方式都是先用热水冲洗空罐，然后用蒸汽进行消毒。如果是玻璃罐，一般都采用热水浸泡或冲洗，这样可使附着在玻璃罐上的许多物质膨胀而容易脱落；对于回收的旧玻璃罐，由于罐壁上常附着有油脂、食品碎屑等污物，则需用40~50℃的2%~8%的氢氧化钠溶液洗涤，然后再用漂白粉或高锰酸钾溶液消毒。罐藏容器消毒后，每只空罐的微生物残留量应低于几百个。消毒后，应将容器沥干并立即装罐，以防止再次污染。

④装罐工艺要求　原料经预处理后，应迅速装罐。装罐时应力求质量一致，并保证达到罐头食品的净重和固形物含量的要求。净重是指罐头总质量减去容器质量后所得的质量，包括固形物和汤汁；固形物含量是指固体物在净重中占的百分率。每只罐头允许净重公差为±3%，但每批罐头的净重平均值不应低于标准所规定的净重。罐头的固形物含量一般为45%~65%，因食品种类、加工工艺等不同而异。装罐时还必须留

有适当的顶隙。所谓顶隙,是指罐内食品表面或液面与罐盖内壁间所留空隙的距离。装罐时食品表面与容器翻边一般相距4~8 mm,待封罐后顶隙高度为3~5 mm。顶隙大小将直接影响到食品的装量、卷边的密封性能、产品的真空度、铁皮的腐蚀、食品的变色、罐头的变形及腐蚀等。

⑤装罐方法　分为人工装罐和机械装罐两种。

人工装罐：肉类、禽类、水产、水果、蔬菜等块状或固体产品等的装罐,大多采用人工装罐。这一类产品的形状不一,大小不等,色泽和成熟度也不相同,而产品要求每罐的内容物大致均匀,质量一致,为了达到这个要求,所以多采用熟练工人来挑选搭配装罐。

机械装罐：一般用于颗粒状、粉末状、流体及半流体等产品,如青豌豆、果酱、果汁和糜状食品等。机械装罐速度快,份量均匀,能保证食品卫生。

⑥注液　装罐之后,除了流体食品、糊状胶状食品、干装类食品外,都要加注液体,称为注液。注液能增进食品风味,提高食品初温,促进对流传热,改善加热杀菌效果,排除罐内部分空气,减小杀菌时的罐内压力,防止罐头食品在储藏过程中的氧化。最简单的注液方法是人工注液,大多数工厂采用注液机,最简单的注液机是在储液罐下部装一个可控制流量的开关,并接一段软管,对准由传送带输送的罐头,将罐液注入罐内。自动注液机速度快,效率高,大型企业普遍使用。

(3) 预封

①定义　预封是在食品装罐后进入加热排气之前,用封罐机初步将盖钩卷入到罐身翻边下,进行相互钩连的操作。钩连的松紧程度以能允许罐盖沿罐身自由旋转而不脱开为准,以便在排气时,罐内空气、水蒸气及其他气体能自由地从罐内逸出。

②目的　预防因固体食品膨胀而出现汁液外溢;避免排气箱冷凝水滴入罐内而污染食品;防止罐头从排气到封罐的过程中顶隙温度降低和外界冷空气侵入,以保持罐头在较高温度下进行封罐,从而提高罐头的真空度。

③方式　预封可采用手扳式或自动式预封机。预封时,罐内食品汤汁在离心力作用下容易外溅。因此,采用压头式或罐身自由转动式预封机时,转速应稍慢些。

(4) 排气

①定义　排气是在装罐或预封后,将罐内顶隙间和原料组织中残留的空气排出罐外的技术措施。

②目的　防止或减轻因加热杀菌时内容物的膨胀而使容器变形或破损,影响金属罐卷边和缝线的密封性,防止玻璃罐跳盖;防止罐内好气性细菌和霉菌的生长繁殖;控制或减轻罐藏食品在储藏过程中出现的马口铁罐的内壁腐蚀;避免或减轻罐内食品色、香、味的不良变化和维生素等营养物质的损失;避免影响罐头外观检测。

③排气方法　加热排气法是将预封后的罐头通过蒸气或热水进行加热,或将加热后的食品趁热装罐,利用空气、水蒸气和食品受热膨胀的原理,将罐内空气排除掉。加热排气法有两种形式：热装罐法和排气箱加热排气法。食品装罐后,在预定的排气

温度下，经过一定时间的加热，使罐头中心温度达到70~90℃左右，食品内部的空气充分外逸。加热排气可以间歇地或连续地进行，目前多用连续式排气。

(5) 密封

①金属罐密封　又称二重卷边法，二重卷封的形成过程就是卷封滚轮使罐体与罐盖的周边牢固地紧密钩合而形成5层(罐盖3层、罐体2层)材料卷边的过程。为提高其密封性，在盖内侧预先涂上一层弹性胶膜或其他弹性涂料。

②玻璃罐密封　玻璃罐因本身罐口边缘造型不同及罐盖的形式不同，其封口方法也各异。目前采用的密封方法有：卷边式密封法、旋转式密封法、套压式密封法和抓式密封法等。

③蒸煮袋密封　蒸煮袋即软罐头，一般采用真空包装机进行热熔密封。依靠内层的聚丙烯材料在加热时熔合成一体而达到密封的目的。封口效果取决于蒸煮袋的材料性能，热熔合时的温度、时间、压力和封边处是否有附着物等因素。

(6) 杀菌

①杀菌目的　主要杀灭罐内微生物的致病菌、腐败菌、产毒菌，增进食品风味，软化食品组织，易于人体消化吸收，钝化酶的活性。罐头杀菌的对象菌是指食品中污染数量大、耐热性强、不易杀灭的细菌。例如，低酸性食品($pH \geq 4.6$)的对象菌——肉毒梭状芽孢杆菌。

②杀菌方法　通常有两大类，即常压杀菌和高压杀菌。常压沸水杀菌：适用于大多数水果和部分蔬菜罐头，杀菌设备为立式开口杀菌锅。高压蒸汽杀菌：适用于低酸性食品，如大多数蔬菜、肉类及水产品类罐头必须采用100℃以上的高压蒸汽杀菌。高压水杀菌：此法适用于肉类、鱼贝类的大直径扁罐及玻璃罐。

(7) 冷却

①目的　罐头杀菌完毕后，应迅速冷却，罐头冷却是生产过程中决定产品质量的最后一个环节，处理不当会造成产品色泽和风味的变劣，组织软烂，甚至失去食用价值。此外，还可能造成嗜热性细菌的繁殖和加剧罐头内壁的腐蚀现象。因此，罐头杀菌后冷却越快越好，但对玻璃罐的冷却速度不宜太快，常采用分段冷却，以免玻璃罐爆裂。

②冷却方式　按冷却的位置的不同，可分为锅外冷却和锅内冷却，常压杀菌常采用锅外冷却，加压杀菌常采用锅内冷却；按冷却介质不同可分为空气冷却和水冷却，以水冷却效果为好。水冷却时为加快冷却速度，一般采用流水浸冷法。冷却用水必须清洁，符合饮用水标准。此外，对于高压杀菌还有一种反压冷却法。

任务实施

1. 杀菌工艺条件的计算

(1) 器具材料

计算器。

(2) 安全杀菌 F 值的估算方法

安全杀菌 F 值可由下式计算求得:

$$F_{安} = D_T(\log a - \log b)$$

式中　D_T——在恒定加热致死温度下，每杀死90%对象菌所需要的时间，min;

　　　a——杀菌前对象菌的芽孢总数，cfu;

　　　b——罐头允许的腐败率，%。

(3) 案例分析

①蘑菇罐头工艺流程　采摘→清洗→预煮→冷却→挑选→装罐→加汤调味→预封→排气→封口→杀菌→冷却成品。

②杀菌工艺要点　生产蘑菇罐头时，根据工厂的卫生条件及原料的污染情况，通过微生物检验，选择嗜热脂肪芽孢杆菌作为对象菌。并设每克罐头内容物在杀菌前含嗜热脂肪芽孢杆菌数不超过2cfu。经121℃杀菌、保温、贮藏后，允许的腐败率为万分之五以下。若生产425g蘑菇罐头，则在121℃杀菌时（在理论的瞬时升温和瞬时降温的条件下）所需 $F_{安}$ 值是多少？

查表知嗜热脂肪芽孢杆菌在蘑菇罐头中的 $D_{121℃}=4.00\text{min}$，若生产425g蘑菇罐头，$a=425\times2=850$，$b=5\times10^{-4}$，带入公式计算：

$$\begin{aligned} F_{安} &= D_{121}(\log a - \log b) \\ &= 4\times(\log 850 - \log 5\times 10^{-4}) \\ &= 4\times(2.9294 - 0.699 + 4) \\ &= 24.92(\text{min}) \end{aligned}$$

因此，该蘑菇企业在加工杀菌过程时，如果选择121℃杀菌条件，所需 $F_{安}$ 值是24.92min。

巩固训练

1. 训练要求

(1) 以个人为单位开展训练，独立完成训练任务。

(2) 查找文献资料要全面，计算要准确。

(3) 通过训练总结罐头加工中杀菌条件的确定步骤。

2. 训练内容

假如你是一家鱼糜罐头加工企业的生产工艺员，现在需要为鱼糜罐头的杀菌条件进行评估。鱼糜罐头的净含量为250g，鱼糜罐头以肉毒梭状芽孢杆菌为杀菌对象菌，每克内容物在杀菌前肉毒梭状芽孢杆菌不超过4个，经过121℃杀菌后，允许的腐败率为 2×10^{-4} 以下，请分析该品种鱼糜罐头的杀菌条件。

知识拓展

1. 罐头的检验

(1) 罐头食品检验指标

罐头杀菌冷却后,须经保温、外观检查、敲音检查、真空度检查、开罐检查、化学检验、微生物学检验等,评判其各项指标是否符合标准,是否符合商品要求。罐头食品的指标有感官指标、理化指标和微生物指标。感官指标主要有组织与形态、色泽、滋味和香气、异味、杂质等。微生物指标中要求无致病菌,无微生物引起的腐败变质,不允许有肉毒梭状芽孢杆菌、沙门氏杆菌、志贺氏杆菌、致病性葡萄球菌、溶血性链球菌 5 种致病菌。

(2) 罐头食品的保温与商业无菌检验

罐头入库后出厂前要进行保温处理,它是检验罐头杀菌是否完全的一种方法,将罐头堆放在保温库内维持一定的温度 (37±2)℃和时间 5~7 天,给微生物创造生长的条件,若杀菌不完全,残存的微生物遇到适宜的温度就会生长繁殖,产气会使罐头膨胀,从而把不合格的罐头剔出。糖(盐)水水果蔬菜类要求在不低于 20℃的温度下处理 7 天,若温度高于 25℃可缩短为 5 天。含糖量高于 50% 的浓缩果汁、果酱、糖浆水果、干制水果不需保温。

保温检验会造成罐头色泽和风味的损失,因此目前许多工厂已不采用,代之以商业无菌检验法。此法首先要基于全面质量管理,主要有:审查生产操作记录、抽样、称重、保温、开罐检、接种培养等。

2. 罐头食品的包装和储藏

罐头的包装主要是贴商标、装箱、涂防锈油等。涂防锈油的目的为隔离水与氧气,使其不扩散至铁皮。此外还应注意控制仓库温度与湿度变化,避免罐头"出汗"。装罐的纸箱要干燥,瓦楞纸的适宜 pH 为 8~9.5。商标纸的黏合剂要无吸湿性和腐蚀性。

储藏一般有两种形式,即散装堆放和有包装堆放。无论采用何法都必须符合防晒、防潮、防冻、库房环境整洁、通风良好的要求,储藏温度为 0~20℃,温度过高微生物易繁殖,色香味被破坏,罐壁腐蚀加速,温度低组织易冻伤。相对湿度控制在 75% 以下。具体要求见罐头食品包装、标志、运输和储存的相关标准。

3. 罐藏食品的变质

(1) 胀罐

①物理性胀罐 又称假胀,由于罐内食品装量过多,没有顶隙或顶隙很小,杀菌后罐头收缩不好,一般杀菌后就会出现;或罐头排气不良,罐内真空度过低,因环境条件如气温、气压改变而造成;或因采用高压杀菌,冷却时没有反压或卸压太快,造成罐内外压力突然改变,内压远远超过外压。

②化学性胀罐　因罐内食品酸度太高，罐内壁迅速腐蚀，锡、铁溶解并产生 H_2，大量 H_2 聚积于顶隙所造成。酸性或高酸性水果罐头最易出现氢胀现象，开罐后罐内壁有严重酸腐蚀斑，若内容物中锡、铁含量过高，还会出现严重的金属味。

③细菌性胀罐　由于微生物生长繁殖而出现食品腐败变质所引起的胀罐称为细菌性胀罐，是最常见的一种胀罐现象，其主要原因是杀菌不充分残存下来的微生物或罐头裂漏，从外界侵染的微生物繁殖生长。

(2) 平酸败坏

平酸败坏的罐头外观一般正常，但是由于细菌活动其内容物酸度已经改变，呈轻微或严重酸味，其 pH 可下降至 0.1~0.3。导致平酸败坏的微生物称为平酸菌，它们大多数为兼性厌氧菌，在自然界中分布极广，糖、面粉及香辛料等辅助材料是常见的平酸菌污染源。食品罐头的平酸败坏需开罐或经细菌分离培养后才能确定，但是食品变酸过程中平酸菌常因受到酸的抑制而自然消失，不一定能分离出来。特别是储存期越长、pH 越低的罐头中平酸菌最易消失。

(3) 黑变

硫蛋白质含量较高的罐头食品在高温杀菌过程中产生挥发性硫或者由于微生物的生长繁殖致使食品中的含硫蛋白质分解并产生 H_2S，与罐内壁铁质反应生成黑色硫化物，沉积于罐内壁或食品上，以致食品发黑并呈臭味，这种现象称为黑变、硫臭腐败或硫化物污染，如海产罐头、肉类罐头、蔬菜罐头等有时候会发生。这类腐败变质罐头外观正常，有时也会出现隐胀或轻胀，敲检时有浊音。导致这类腐败变质的细菌为致黑梭状芽孢杆菌。这类腐败变质现象在正常杀菌条件下并不常见，只有杀菌严重不足时才会出现。

(4) 发霉

罐头内食品表面上出现霉菌生长的现象称为发霉。一般并不常见，只有容器裂漏或罐内真空度过低时，才有可能在低水分及高浓度糖分的食品中出现。霉菌中除了个别青霉菌株稍耐热外，大多数为不耐热菌，极易被杀死。

自主学习资源库

(1) 食品伙伴网 http://www.foodmate.net.
(2) 中国罐头工业协会 http://www.topcanchina.org.
(3) 罐头工业手册. 杨邦英. 中国轻工业出版社，2002.
(4) 罐头食品加工技术. 赵良. 化学工业出版社，2007.

任务 2.2　林产食品罐头制作

林产食品罐头主要有清水罐头和调味罐头。清水罐头以冬笋、竹笋、芦笋为主，调味罐头以草菇、蘑菇、蕨菜为主,它们代表了森林食品的绿色、有机、生态等特点,深受大众喜欢。本任务主要学习清水、调味类林产罐头的加工工艺及技术要点。

知识准备

2.2.1 林产食品罐头的定义和特点

林产食品罐头主要有清水罐头和调味罐头。清水罐头是罐头中最基础的一种,是在真空的瓶内注入清水和原料而制成的食品。它保持了原料的特点,价格便宜,食用方便,加工方法简单。调味类罐头是罐头中数量最多的一种,它是指将经过整理、预煮或烹调的食品装罐后,加入调味汁液的罐头。有时同一名称产品,因各地区消费者口味要求不同,在调味上也有差异。调类味罐头具有原料和配料特有的风味和香味,块形整齐,色泽较一致,汁液量和固形物量保持一定比例。

2.2.2 清水笋罐头的加工

清水笋罐头包括清水冬笋、清水竹笋、原汁笋片或笋丝,它们的品质,常依据色泽、形态、肉质老嫩、味道鲜美程度等评定。除冬笋允许带微红外,其余色泽以黄白或淡黄色为好。形态因罐头种类不同而有不同的要求,但以大小基本均匀,肉质脆嫩,汤汁清晰者为上品。

(1) 工艺流程

原料验收→切根剥壳→预煮→冷却→漂洗→修整→分选→装罐→密封→杀菌→冷却→擦干入库→成品

(2) 操作步骤

①原料选择 笋的新鲜度对成品品质影响很大,要求从采收到加工至成品的时间不超过16h,否则笋肉组织老化,营养下降。

②切头、剥壳、分级 用切笋头机切去笋根基部粗老部分,再用刀纵向划破笋壳,手工剥壳,保留笋尖和嫩衣,按笋头直径大小分大(100mm以上)、中(80~100mm)、小(80mm以下)3级。

③预煮 主要是去除苦味和白色沉淀物。沸水煮沸,时间为:大笋60~70min,中笋50~60min,小笋40~50min。

④冷却、漂洗 预煮后要马上用流动的水漂洗16~24h。为了防止耐热细菌的生长可用盐酸调节漂洗,但是酸度不宜太高,pH 4.2~4.5,以免装罐后腐蚀包装容器。冷却一定要透,中心温度要低于30℃,否则笋中心变红,表面褶皱失去光泽。

⑤修整、分选 根据整只装、统装级、块装品的要求分别进行修整、分选。

⑥装罐 沸水中加入0.05%~0.08%柠檬酸(或不加酸)作为汤汁,注入罐内,温度不低于85℃。装罐净重800g,笋肉480g,汤汁加满;净重540g,笋肉340g,汤汁加满。

⑦排气、密封　多数采取加热排气法排气，排气后立即进行密封，密封时罐中心温度达75~80℃。

⑧杀菌及冷却　净重800g杀菌方式：(10′-40′-10′)/116℃；净重540g杀菌方式：(10′-35′-10′)/116℃。杀菌后立即冷却至37℃左右。

2.2.3　鲜草菇罐头的加工

草菇罐头常见有整装和片装。一般来说，生产整只装的草菇罐头需要一级草菇，质量标准为：草菇颜色呈灰褐色，横径2.0~4.0cm，新鲜幼嫩，菌体完整，不开伞，不伸腰，允许轻微畸形，无霉变，无酸败变质，无异味，无破损，无机械损伤，无病害，无表面发黄、发黏、萎缩现象。而生产片装的草菇罐头通常是二级菇，其质量标准为：菌体新鲜完整，横径2.0~4.5cm，无霉烂、无酸败变质、无异味、无破损、无病虫害，不开伞，允许破头伸长、畸形和表面轻度变色。

(1) 工艺流程

原料验收→原料处理→洗净→预煮→冷却→分级→装罐、加汤→排气、密封→杀菌、冷却→贴标签、装箱→入库→成品

(2) 操作步骤

①原料处理　经验收合格的原料，用小刀将附着在草菇基部的草丝和泥沙等杂质彻底除净。

②洗净　处理后用流动的水清洗两次，除去杂质。

③预煮　采用沸水煮，料液比为1:2，先将草菇置于沸水中煮10min，然后换水再煮10min，每次都要以草菇下锅后，水沸腾开始计时。

④冷却　经过两次预煮的草菇要马上放入清水或流动水中冷却至菌体中心凉透为止，并漂尽残留的泡沫，否则容易发霉、腐败。

⑤分级　按照大小分为6级：大号草菇直径为2.7~4.0cm，再分为两级；中号草菇直径为2.1~2.6cm，再分为两级；小号草菇直径为1.5~2.0cm，再分为两级。

⑥罐装、加汤　罐装的量不低于标签上的净含量，加入2.5%食盐水，温度不得低于70℃。

⑦排气、密封　加汤后，在温度为95~98℃的排气箱中排气7~9min，使罐内中心温度达80℃以上，然后立即密封，逐个检查密封情况。

⑧杀菌、冷却　杀菌公式为：(15′-65′-10′)/121℃，杀菌后冷却至40℃。

2.2.4　调味蘑菇罐头的加工

蘑菇是一种食用真菌，其营养丰富且味道鲜美，深受人们欢迎。供生产罐头的蘑菇，要求新鲜坚实，菇色正常；成熟适度，以开伞前12h，菌膜尚未破裂时采摘为宜。蘑菇在采摘、运输和整个加工工艺过程中，必须最大限度地减少露空时间，加工流程越快越好。

(1) 工艺流程

原料验收→护色处理→预煮→挑选、修整分级→分选、装罐、加汤→排气、密

封→杀菌、冷却→成品

(2)操作步骤

①原料选择　罐藏蘑菇应选用菇径在 20~40mm 之间的未开伞的新鲜蘑菇。

②护色处理　蘑菇采收后，切除带泥根柄，立即浸于清水或 0.6% 盐水中。采摘和运输过程中严防机械伤；采收后若不能在 3h 内快速运回厂加工，则必须用 0.6% 的盐水浸泡；或者用 0.03% 焦亚硫酸钠液洗净后，浸泡运输，防止蘑菇露出液面。如果在产地将菇浸在 0.1% 的焦亚硫酸钠液 5~10min，捞起装入薄膜袋扎口装箱运回厂，则要漂水 30min 后才能投产。

③预煮　蘑菇洗净后，放入夹层锅中以 0.1% 的柠檬酸液沸煮 6~10min，以煮透为准，液体与菇之比为 1.5∶1。预煮后立即将菇捞起，急速冷却透。

④挑选、修整和分级　分整装及片装两种。泥根、菇柄过长或起毛、有病虫害、斑点菇等问题应进行修整。修整后不见菌褶的可作整只或片菇。生产片菇宜用直径为 19~45mm 的大号菇，分为 18mm 以下、18~20mm、20~22mm、22~24mm、24~27mm 及 27mm 以上 6 个级别。

⑤分选　整只装菇：颜色淡黄，具有弹性，菌盖形态完整，修削良好的蘑菇。按不同级别分开装罐，同罐中色泽、大小、菇柄长短大致均匀。片装菇：同一罐中片的厚薄较均匀，片厚为 3.5~5.0mm。碎片：不规则的片块。

⑥配汤

黑胡椒粒的清洗：先用筛孔 2mm×2mm 的筛网将胡椒粒振筛一遍，去除泥沙、椒梗等杂质，然后用水淘洗 2 遍，要特别注意去除底层的砂粒杂质，淋干水分后待用。

芥菜籽的清洗：先用清水淘洗 3 次，捞净上层漂浮杂质后再用水淘洗，注意除净每次淘洗后的沉底杂质，且最后一次掏洗后沉底物不能使用，淋干水分备用。

新鲜红辣椒：先挑选无腐烂、虫害、斑迹、机伤等的红色辣椒，去蒂后用水清洗干净。用不锈钢刀切开，去籽，然后切成 5mm×5mm 的方块。

新鲜洋葱：先切除头部和剥去外皮，然后清洗，切成 7mm×4mm 的块状。

莳萝：要求无霉变味，用细小的新品种干细料。

调味料的添加：将清洗好淋干的黑胡椒粒、芥菜籽、莳萝按 4.3∶5.0∶1.0 混合均匀备用。然后每瓶加入混合料 2.06g。将切好的新鲜红辣椒和洋葱按 1∶1.5 混合均匀备用，然后每瓶加入混合料 7.5g。

⑦装罐　空罐清洗后经 90℃ 以上热水消毒，沥干水分。蘑菇装入量：761#罐 120~130g；7114#罐 235~250g；15173#罐 1850~1930g(整菇)、2050~2150g(碎菇)。装完菇后加满汤汁。

⑧密封　封口时罐内中心温度 80℃ 以上，以 0.03~0.04MPa 真空度抽真空封口。

⑨杀菌、冷却　蘑菇罐头杀菌宜采用高温短时杀菌。这样开罐后汤汁色较浅，菇色较稳定，组织较好，空罐腐蚀轻。杀菌后反压降温，冷却至 38℃ 左右。

(3)质量标准

蘑菇整只装呈淡黄色，片装和碎片蘑菇呈淡黄色或淡灰黄色，汤汁较清晰。有鲜蘑菇的滋味和气味，无异味，组织形态分别为：整只装菇略有弹性，大小大致均匀，菌盖形态完整，允许少量蘑菇有小裂口、小修整及薄菇，无严重畸形，同一罐内菌柄长短大致均匀；片状装，菇纵切，厚度为3.5~5mm，同一罐内厚度较均匀，允许少量不规则片和碎屑；碎片装菇是不规则的碎片或块。净含量及固形物含量分别为：761#罐198g，不低于60%；7114#罐415g，不低于55%；15173#罐整装菇不低于60%，碎装菇不低于70%。氯化钠含量为0.5%~1.5%。

任务实施

1. 山药罐头的加工

(1) 仪器设备

天平、电磁炉、不锈钢刀、去皮刀、菜板、封罐机、杀菌釜、烧杯等玻璃器皿。

(2) 材料和试剂

山药、0.20%亚硫酸钠、0.05%柠檬酸、0.05%氯化钙、0.10%苯甲酸钠。

(3) 工艺流程

山药→清洗→整理→去皮→切割→护色→灌装→注汁→封口→贮藏→成品

(4) 操作步骤

①预处理　通过手工作业剔除腐烂次级山药，用清水洗涤，去除泥土、昆虫等杂质，洗后捞出待用。

②去皮　手工去皮或者机械去皮，也可加热或脱皮剂处理去皮。

③切割　按要求切割成片、粒或条状等。

④护色　将样品浸泡于护色液中3~5min，捞出待用。

⑤罐装、注汁　按规格装入瓶中或者复合透明蒸煮袋中，按照汤汁与固形物4∶6的比例注汁。

⑥封口、杀菌　采用真空包装，在60℃条件下，杀菌30min。

2. 板栗罐头的加工

(1) 仪器设备

天平、电磁炉、不锈钢刀、去皮刀、菜板、烘箱、封罐机、杀菌釜、烧杯等玻璃器皿。

(2) 材料和试剂

板栗、0.20%亚硫酸钠、0.05%柠檬酸、0.05%氯化钙、白砂糖。

(3) 工艺流程

原料选择→剥壳去皮→护色→硬化→糖煮→烘干→罐装→加糖液→排气→杀菌→成品

(4)操作步骤

①原料选择　选择新鲜饱满、风味正常、每粒果重在 7g 以上的果实，剔除虫蛀果、霉烂干枯果、破碎果及发芽果，将果实按大、中、小分成 3 级。

②剥壳去皮　剥壳采用生剥法：在栗子端部用钢刀将板栗皮壳切除一小块，以切口不伤害栗肉为宜，然后用不锈钢果刀将其余皮壳剥除。去内皮采用热烫法：将剥除外壳的板栗放入 90~95℃ 热水中烫数分钟，捞出趁热剥除，注意热烫时间不能太长。

③糖液　煮制配制 30% 的糖液，按果水比为 1∶3 的比例，同时在其中添加 0.20% 亚硫酸钠、0.05% 柠檬酸、0.05% 氯化钙进行一次性煮制，在糖液沸腾后煮制 30~35min，直到煮透为止。

④烘干　将预煮后的板栗迅速用清水洗去表面的糖液，沥干后在 65℃ 鼓风的条件下 2h 烘干表面水分。

⑤罐装、注汁　按规格装入瓶中或者复合透明蒸煮袋中，注入 40%~50% 糖液。

⑥排气　采用热水排气法，罐内中心温度达 80℃ 以上，排气时间 10min。

⑦杀菌　罐头排气密封后立即进行杀菌处理，杀菌方法是在 115℃ 高温中杀菌 25min 后，立即冷却。

巩固训练

1. 训练要求

(1) 以小组为单位开展训练，组内成员要分工合作、相互配合完成训练任务。

(2) 查找文献资料要全面，试验方案要准确。

(3) 通过训练总结林产罐头加工要点。

2. 训练内容

(1) 根据芦笋罐头的工艺流程：原料验收→清洗→去皮→预煮→冷却→装罐加汤→排气→密封→杀菌→冷却→成品→擦罐入库。写出芦笋罐头加工的工艺要点。

(2) 原料和试剂的采购。

(3) 制作芦笋罐头。

3. 成果

小组合作完成芦笋罐头的成品一份。

知识拓展

1. 笋罐头加工中的质量问题

(1) pH 调控不稳定

① pH 调节的意义　pH 调控是笋罐头生产过程中极为重要的工艺步骤。根据产品

出货时间要求，一般采用两种方法：一是采用自然发酵（乳酸发酵）产酸的办法进行酸化处理；二是依据装罐后的笋质本身 pH 大小采取添加柠檬酸的方法进行调节。前者调控 pH 不稳定是由于没有严格将原料按进厂先后顺序进行分批预煮、分批酸化与分批装罐。后者调节 pH 不稳定是由于没有严格地按照每批笋子装罐时其本身 pH 的大小进行配汤，或者是由每批笋装罐时其笋肉本身的 pH 相差较大，或测量 pH 不准等造成的。同时，也有可能是同一批笋中没有进行粗分级处理，从而导致同一罐中笋中心的 pH 不一样，出现偏高偏低的现象。

②解决办法　在冬笋的酸化工艺中使自然酸化处理 8~12h，并换水 1~2 次（通常为 2 次），笋肉中心的 pH 以达到 4.3~4.6 为准，然后配加 pH 4.3 的汤液，便可较好地控制 pH，使成品笋香味浓郁，同时也可缩短生产周期，加快上市速度。

（2）瘪罐

①存在问题　笋罐头在排气时笋中心温度过高（超过 80℃），罐内顶隙过大，真空度过高，罐身加强筋过浅，强度不够，碰撞严重，等等。

②解决办法　笋中心温度控制在 73℃为佳，保持罐内有 5~10mm 的顶隙高度，罐内真空度调节在 0.013~0.020MPa，顶隙过大，真空度易过大，反之则真空度过小。

（3）胀罐

①存在问题　罐内笋装得过多，排气不足；杀菌时冷却速度过快，气压和气温变化较大，严重碰撞；pH 过高，杀菌不充分；卷边不良，罐盖铁皮厚度偏小；膨胀圈抗压强度不够；笋肉中心温度在 68℃以下时易发生胀罐现象。

②解决办法　控制装罐量，排气时的笋肉中心温度控制在 71~75℃，6~8min 的排气箱排气，真空度维持在 0.013~0.020MPa，保证罐头的密封性能，每班上班都要测试封口卷边尺寸，严格遵循卷边标准，杀菌公式大多用（35′-35′-10′）/116℃，冷却温度可为 15min，杀菌过程中交替倒放。若采用连续的蒸汽沸水来杀菌，则用 100℃、60min（或延长 10min）的措施杀菌，杀灭嗜热梭状芽孢杆菌，注意冷却水保持清洁并需加氯处理。控制罐内的 pH 为 4.1~4.6，减少罐头之间的碰撞，产品出厂前认真做好抽样、称重、固形物的损失率、失水率、保温检查和分析，考虑产品销售地点的气温、气压特点，及时调整真空度、杀菌温度、保温温度与时间等，严格注意加工过程中的车间、设备、个人卫生，防止原料、半成品的污染。

（4）出现白色点状沉淀

①存在问题　笋罐头在贮藏期间，有些笋体内外会产生白色的点状物沉淀，其主要成分是酪氨酸，以及少量的蛋白质、淀粉、果胶、半纤维素等。在有无机物质存在时，呈胶体混浊状态。在生产过程中，初期及末期拔节的笋或病态笋加工后易产生白色沉淀，中期产时加工的笋罐头几乎不产生白色沉淀物。

②解决办法　可通过延长一定的预煮和漂洗时间（不可预煮过头，导致笋肉变红等），或调整预煮液和漂洗水的 pH 为 4.2~4.5（酸性条件下可溶解酪氨酸），来防止白

色沉淀的产生。

(5) 笋肉有苦味和麻口的现象

①存在问题　加工罐头用的笋原料都属于禾本科的竹笋,其品种有毛竹、大头典、吊丝丹。笋肉有无苦味主要与笋的品种有关,大头典有麻口感与苦味,肉质粗。而毛竹和吊丝丹一般无苦味与麻感。另外,酪氨酸的氧化产物——黑尿酸亦是竹笋形成苦涩味的原因之一。

②解决办法　除选用良好的品种外,主要是通过预煮,延长漂洗时间,采用流动水漂洗,调节漂洗水的pH为4.1~4.5等办法来控制。

2. 笋罐头真空度检测

(1) 定义

罐头食品真空度是指罐外的大气压与罐内气压的差。

(2) 影响罐头真空度的因素

①排气温度　对于加热排气而言,排气温度越高,时间越长,最后罐头的真空度也越高。

②食品的密封温度　即封口时罐头食品的温度。真空度随密封度的升高而增大,密封温度越高,罐头的真空度也越高。

③罐内顶隙的大小　顶隙是影响罐头真空度的一个重要因素。罐头的真空度是随顶隙的增大而增加的,顶隙越大,罐头的真空度越高。

④食品原料的种类新鲜度　真空密封排气和蒸汽密封排气时,原料组织内的空气更不易排除,罐经杀菌冷却后组织中残存的空气在贮藏过程中会逐渐释放出来,而使罐头的真空度降低,原料的含气量越高,真空度降低越严重。不新鲜的原料,高温杀菌时会分解而产生各种气体使罐内压力增大,真空度降低。

⑤食品的酸度　酸度高时,易与金属罐内壁作用而产生氢气,使罐内压力增加,真空度下降。

⑥外界气温的变化　外界温度升高时,罐内残存气体受热膨胀压力提高,真空度降低。

⑦外界气压的变化　海拔越高气压越低,大气压降低,真空度也降低。

(3) 笋罐头真空度的检测方法

①破坏性检测　用特制的真空表测定罐头的真空度。检验部门常用。

②非破坏性检测　"打检"是用特制的小棒敲击罐头底盖,根据棒击时发出的清、浊声来判断罐头真空度的大小。罐头真空度自动检测仪是一种光电技术检测仪,利用凹面镜聚焦产生光点,光亮度与凹面的曲率有关,真空度低,凹面的曲率半径就大。

自主学习资源库

(1) 食品伙伴网 http://www.foodmate.net.
(2) 罐头工业手册. 杨邦英. 中国轻工业出版社, 2002.
(3) 罐头食品加工技术. 赵良. 化学工业出版社, 2007.

任务2.3 糖水罐头制作

糖水果蔬罐头以新鲜水果、蔬菜为主要原料制成，配以一定浓度的糖液，经过预处理、罐装、排气、密封、加热杀菌、冷却等工序制成，品种多、口味独特、保质期长、食用方便，糖水罐头是森林产品罐藏工艺的重要组成部分。本任务主要学习糖水橘子罐头、糖水荸荠罐头的制作，熟练掌握用林产果蔬制作糖水罐头的加工工艺。

知识准备

水果、蔬菜罐头是以新鲜水果、蔬菜为主要原料制成，经过分级、去皮、整理、装罐，配以一定浓度的糖液后经排气、密封、加热杀菌、冷却等工序，达到商业无菌，从而延长食品保质期的一种罐藏类食品。它以品种多、口味独特、保质期长、食用方便等特点，深受消费者喜爱。我国是水果罐头的生产和消费大国，不仅年产量在百万吨以上，出口量在世界上也是名列前茅。随着人们生活质量的提高、饮食结构的改善，人们对方便食品的要求越来越高。按照pH大小果蔬罐头的分类为：低酸性罐头(pH≤4.5)、酸性罐头(pH>4.5)。

2.3.1 糖水橘子罐头的加工

(1) 原料

我国是柑橘的重要原产地之一，柑橘资源丰富，优良品种繁多，有4000多年的栽培历史。早在夏朝(前21世纪—前17世纪)，江苏、安徽、江西、湖南、湖北等地生产的柑橘，已列为贡税之物。经过长期栽培、选择，柑橘成了人类的珍贵果品。柑橘富含维生素A、维生素C、胡萝卜素等营养物质，具有抗氧化、增强免疫力、抗肿瘤等作用，还能预防肝脏疾病、动脉硬化症(动脉硬化)。

(2) 工艺流程

原料→选果分级→去皮、分瓣→脱囊衣→整理→分选装罐→配糖水→排气、密封→杀菌→冷却→检验→成品

(3) 操作步骤

①原料选择　果实扁圆，直径46~60mm；果肉橙红色，囊瓣大小均一，呈肾脏

形，不要呈弯月形，无种子或少核，囊衣薄；果肉组织紧密、细嫩、香味浓、风味好，糖含量高，可溶性固形物在10%左右，含酸量为0.8%~1%，糖酸比适度（12∶1），不苦；易去皮；八九成熟时采收。

②选果分级　原料进厂后应在24h内投产，若不能及时加工，可按短期或长期贮藏所要求的条件进行贮存。加工时应首先除去畸形、干瘪、霉烂、重伤、裂口的果子，再按大、中、小分为3级。

③去皮分瓣　将分级后的果子分批投入沸水中热烫1~2min，取出趁热进行人工去皮、去络、分瓣处理，处理时再进一步选出畸形、干瘪及破伤的果瓣，最后再按大、中、小分级。

④脱囊衣　是橘子罐头生产中的一个关键工序，它与产品汤汁的清晰程度、白色沉淀产生情况及橘瓣背部砂囊柄处白点形成直接相关。目前工业上常用酸碱处理法脱囊衣，即先用酸处理，再用碱处理脱去囊衣。脱囊衣时，橘瓣与酸碱的体积比值为1∶（1.2~1.5），橘瓣应淹没在处理液中。脱囊衣的程度一般由肉眼观察。全脱囊衣要求能观察到大部分囊衣脱落，不包角，橘瓣不起毛，砂囊不松散，软硬适度。半脱囊衣以背部外层囊衣基本除去，橘瓣软硬适度、不软烂、不破裂、不粗糙为度。酸碱处理后要及时用清水浸泡橘瓣，碱处理后需在流动水中漂洗1~2h。

⑤整理　全脱囊衣橘瓣整理是用镊子逐瓣去除囊瓣中心部残留的囊衣、橘络和橘核等，用清水漂洗后再放在盘中进行透视检查。半脱囊衣橘瓣的整理是用弧形剪剪去果心、挑出橘核后，装入盘中再进行透视检查。

⑥分选装罐　透视后，橘瓣按瓣形完整程度、色泽、大小等分级别装罐，力求使同一罐内的橘瓣大致相同。装罐量按产品质量标准要求进行计算。

⑦配糖水　橘瓣分选装罐后加入所配糖水。糖水浓度为质量百分比，糖水的浓度及用量应根据原料的糖分含量及成品的一般要求（14%~18%的糖度标准）。

⑧排气、密封　中心温度65~70℃。

⑨杀菌、冷却　净重为500g的罐头的杀菌方式为：[8'-10'-（14'~15'）]/100℃分段冷却。

⑩检验　杀菌后的罐头应迅速冷却到38~40℃，然后送入25~28℃的保温库中保温检验5~7天，保温期间定期进行观察检查，并抽做细菌和理化指标的检验。

(4) 质量标准

①外观　橘肉表面具有与原果肉近似之光泽，色泽较一致，糖水较透明，允许有轻微的白色沉淀及少量橘肉与囊衣碎屑存在。

②滋味气味　具有本品种糖水橘子罐头应有的风味，甜酸适口，无异味。

③组织形态　全脱囊衣橘片的橘络、种子、囊衣去净，组织软硬适度，橘片形态完整，大小大致均匀，破碎率以质量计不超过固形物的10%，半脱囊衣橘片囊衣适度去除，食之无硬渣感，剪口整齐，形态饱满完整，大小大致均匀，破碎率以质量计不

超过固形物的30%。

④杂质 不允许存在。

⑤净重 每罐允许公差为±5%,但每批平均不低于净重。

⑥固形物含量及糖度 果肉含量不低于净重的50%,开罐时糖水浓度为12%~16%。

⑦重金属含量 Sn≤100mg/kg,Cu≤5mg/kg,Pb≤1mg/kg。

⑧微生物指标 无致病菌。

2.3.2 糖水荸荠罐头的加工

(1)原料

荸荠又名马蹄、地栗、乌芋等,原产于我国的南部和印度,在我国已有3000年左右的栽培历史(图2-3)。荸荠以球茎供食,其肉质洁白、清脆、多汁,并含有丰富的碳水化合物、蛋白质、粗纤维、矿物质及多种维生素。它既可作为水果生食,也可作为蔬菜食用,并且具有清热解毒、祛痰消积、止咳及降血压等作用。

图2-3 荸荠(纪颖 摄)

(2)工艺流程

选料→清洗→去皮→烫煮→浸泡→糖渍→糖煮→冷却、包装→成品

(3)操作步骤

①选料、清洗、去皮 选糖分含量高、新鲜、大小均匀、无霉烂的荸荠为原料。洗净泥沙后去皮,投入清水中冲净皮屑。

②烫漂、浸泡 将去皮后的荸荠放入沸水中煮至熟而不烂为宜,然后捞出、漂洗、冷却,再放入清水中浸泡10h左右,捞出沥干。

③糖渍、糖煮 将荸荠放入30%的糖液中浸泡10~12h后,将糖液煮沸,同时加糖,使糖度达40%左右,再趁热倒入荸荠继续浸渍12h。再将荸荠和糖液一起倒入锅内煮沸10~20min,使糖液浓度达65%~70%,糖应该分次加入。

④冷却、包装 将经糖煮的荸荠放入另一锅,不断翻动,促进水分蒸发,也可利用干燥箱在50~60℃的温度下烘干,不粘手为宜,之后进行包装,密封即可。

任务实施

1. 糖水桃子罐头的加工

（1）仪器设备

不锈钢刀、菜板、去皮刀、电磁炉、封罐机、杀菌釜、烧杯等玻璃器皿。

（2）材料和试剂

新鲜黄桃、氢氧化钠、果胶酶、白砂糖、苯甲酸钠。

（3）工艺流程

原料→分选→清洗→切片→去核→去皮→预煮→分选→灌装→预封→排气→密封→杀菌→冷却→贴标签→检验→包装→成品

（4）操作步骤

①原料选择　选择无病害，成熟度在八成的果实。

②切片　不要切偏。

③去核　切片后立即去核，核窝要光滑。

④去皮　用15%碱液和加热去皮。

⑤预煮　加1.5%果胶酶预煮，95~100℃，4~8min。

⑥分选　逐个修整，剔除损伤。

⑦配糖液　将适量的水放入不锈钢夹层锅，加热至沸腾；将蔗糖（20%左右）放入沸水中，一边加热一边搅拌，直至蔗糖全部溶化，并重新沸腾；然后加剩下的水；最后加少许柠檬酸以调糖水的酸度，并过滤备用。

⑧装罐脱气　将桃瓣装罐后，加入温度为85℃以上的糖水。接着将其放入温度为80~85℃的热水中进行脱气。脱气时罐内中心温度要求不低于75℃，时间为5~10min。

⑨杀菌冷却　将封口后的半成品迅速放入温度为80~90℃的热水中，加热直到沸腾。维持该温度10~35min后，迅速将其分段冷却到38℃左右。

2. 分析罐头常出现的问题

几种水果罐头中常见的质量问题和解决方法见表2-1所列。

表2-1　水果罐头常见质量问题

糖水罐头名称	主要问题	分析原因	防止措施
柑橘罐头	白色沉淀	橘皮苷、果胶及少量蛋白质	控制原料，脱囊衣，加酶处理，减少运输过程的抖动
桃子罐头	变色（红色）	花青素受热，酸性酚类与金属结合	控制原料，预煮处理，做好排气，护色处理
猕猴桃罐头	组织破损	预煮温度太高，去皮碱液浓度太高	控制原料，改进去皮方法，保脆处理

(续)

糖水罐头名称	主要问题	分析原因	防止措施
菠萝罐头	过敏现象	蛋白酶	钝化酶，加酸处理

巩固训练

1. 训练要求

(1) 以小组为单位开展训练，组内成员要分工合作、相互配合完成训练任务。
(2) 查找文献资料要全面，试验方案要准确。
(3) 通过训练总结水果罐头加工要点。

2. 训练内容

(1) 根据枇杷果蔬什锦罐头的工艺流程：原料→分选→清洗→切片→去核、去皮→预煮→分选→灌装→预封→排气→密封→杀菌→冷却→贴标签→检验→包装→成品，写出枇杷果蔬什锦罐头加工的工艺要点。
(2) 原料和试剂的采购。
(3) 制作枇杷果蔬什锦罐头。

3. 成果

小组合作完成枇杷果蔬什锦罐头的成品一份。

知识拓展

1. 软罐头简介

(1) 定义

软罐头食品又称蒸煮袋食品、软包装食品，是一种采用软塑包装并可保藏一定时间的高温短时间杀菌食品(图2-4)。它与一般罐头食品的区别在于，一是采用软塑复合薄膜包装；二是采用反压杀菌、反压冷却的高温短时间杀菌方式；三是采用精美的装饰图案，并可直接印在复合薄膜的层间之中。这比罐头食品的外贴标更为美观、坚固、简化。罐头食品已有100多年的历史，1821年由美国首先投入大批量生产，成为食品加工的一大类别。软罐头食品是近几十年开始研制和陆续投入生产的。1917年法国研制成功软包装高温短时间杀菌装置，1940年美国开始研制软罐头食品的工艺方法，瑞典于20世纪40年代最早进入了软罐头食品的投产。日本是最早使软罐头食品商品化的国家，1968年日本大缘食品工业将咖哩密封在软包装的袋子中，实现了软罐头食品的商品化。目前，日本有10余家大企业的30余家工厂从事软包装食品的生产。1978年日本软罐头食品的总销售额为500亿日元，1979年为560亿日元，1980年为600亿

图 2-4 茶叶的软包装(纪颖 摄)

日元,1981 年以来,以大约每年 4.1%的速度递增,目前是世界上生产软罐头食品最多的国家。

(2)蒸煮袋的特点

热阻小、传热快、可缩短杀菌时间;密封性好、封口简便牢固;质量轻、携带方便、开启方便;使用过的包装袋易处理。

蒸煮袋的制作材料一般由聚酯、铝箔、聚烯烃黏合而成,也可以只由聚酯和聚烯烃构成。

2. 影响软罐头食品杀菌效果的主要因素

(1)袋内残留空气量

袋内空气残留量越大,热传导越差,尤其是当空气残留量在 20mL 以上时会造成杀菌不足,而且杀菌时由于气体的膨胀会引起破袋现象。另外,袋内残留空气还会影响食品中易于氧化的脂肪和维生素 C 等。

(2)杀菌锅内热分布及传热介质温度均匀性

在杀菌开始计时时,必须将锅内空气完全排尽,而且杀菌锅内的传热介质必须流动,水平流动或垂直流动均可,但不得有"死角"。加热介质温度必须均匀。

(3)软罐头厚度

软罐头食品厚度应有一定限制,厚度的变化往往导致杀菌时间的不足。而且袋与袋之间、袋本身厚度要均匀。

(4)初始温度

软罐头杀菌操作前袋内食品的温度往往影响细菌致死率,所以杀菌条件的建立,均应有一定的给定初温。

(5)黏度

黏度会影响传热效率,黏度超过给定值则会影响细菌致死率。

(6) 配方

内容物中如含有淀粉往往会把内容物包围起来,不但会改变热传导,而且又因膨胀而保护细菌不被杀死。在含糖和辣椒的制品中,可能含有许多耐热性细菌,这些细菌不易被杀死。

(7) 加酸食品

应注意食品的 pH,以免将低酸食品当作高酸食品进行杀菌。加酸食品杀菌条件比较缓和。

(8) 杀菌温度和时间

杀菌时间或杀菌温度细微差别都可能导致大批量食品腐败。

(9) 食品的形状

杀菌方式应与容器内食品形态相适应。

(10) 杀菌中的排气

开始应在 5min 内排气,杀菌过程中必须经常排气以使温度均匀。

自主学习资源库

(1) 食品伙伴网 http://www.foodmate.net.
(2) 中国罐头工业协会 http://www.topcanchina.org.
(3) 热带、亚热带水果罐头:QB/T 1380—2014.
(4) 绿色食品水果、蔬菜罐头:NY/T 1047—2014.
(5) 罐头工业手册. 杨邦英. 中国轻工业出版社,2002.
(6) 罐头食品加工技术. 赵良. 化学工业出版社,2007.

项目 3　森林食品干藏

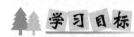

知识目标

(1) 掌握干藏的定义。
(2) 理解干藏的基本原理。
(3) 掌握果品、山野菜的干制原理。
(4) 理解果品的加工步骤。
(5) 熟知山野菜的特点和功效。
(6) 理解山野菜的加工步骤。

技能目标

(1) 能把握干制加工要点。
(2) 会分析食品干制过程的特性改变。
(3) 能熟练控制干制品中的硬度及褐变。
(4) 会独立设计特色森林干制品加工工艺。

任务 3.1　分析食品干制工艺

食品干藏是食品加工的重要方法之一，历史悠久，品种丰富。食品干制原理和常用的干燥方法是森林干制食品加工的基础。本任务主要学习食品干制保藏原理、常见食品的干制方法以及食品原料在干制中硬化和酶褐变的控制方法。

知识准备

3.1.1 概述

(1) 干燥的定义

干燥是在自然条件或人工控制条件下促使食品中水分蒸发的工艺过程。食品干燥提高食品的保藏性能,有利于食品的包装和流通,形成特殊的风味、方便食用。脱水干制品在其水分降低到足以防止腐败变质的程度后,始终保持低水分进行长期贮藏的过程。

(2) 水分活度

食品物料中水分存在的形式包括自由水、结合水。水分活度(A_w)是指食品中水与纯水的逃逸趋势(逸度)之比。水分逃逸的趋势通常可以近似地用水的蒸汽压来表示,在低压或室温时,$A_w=P/P_0$;其中 P 为食品中水的蒸汽分压;P_0 为纯水的蒸汽压(相同温度下纯水的饱和蒸汽压)。水分活度反映了食品中的水分存在形式和被微生物利用的程度,是食品干制的决定因子。

①微生物生长和水分活度的关系　只有食物的水分活度大于某一临界值时,特定的微生物才能生长。一般说来,细菌为 $A_w>0.9$,酵母为 $A_w>0.88$,霉菌为 $A_w>0.8$。微生物的耐热性因环境的水分活度不同而有差异,降低水分活度除了有效地抑制微生物的生长外,也将使微生物的耐热性增强。

②水分活度与酶的关系　酶的活性与水分活度之间存在一定的关系,当水分活度在中等偏上范围内增大时,酶活性也逐渐增大。酶反应速率随水分活性增加而增加。

③水分活度对食品化学变化的影响

水分活度对脂肪氧化酸败的影响:A_w 为 0.3~0.4 时速率较慢;$A_w>0.4$ 时,氧在水中的溶解度增加,并使含脂食品膨胀,暴露了更多的易氧化部位,若再增加水分活度,又稀释了反应体系,反应速率开始降低。

水分活度对美拉德反应的影响:A_w 在 0.6~0.7 时最容易发生,水分在一定范围内时,非酶褐变随水分活度增加而增加;A_w 降到 0.2 以下,褐变难以进行;A_w 大于褐变的高峰值,则因溶质受到稀释而速度减慢。

水分活度对色素的影响:A_w 越高,花青素分解越快。

④水分活度对食品质构的影响　A_w 从 0.2~0.3 增加到 0.65 时,大多数半干或干燥食品的硬度及黏性增加。各种脆性食品必须在较低的 A_w 下,才能保持其酥脆。A_w 控制在 0.35~0.5 可保持干燥食品理想性质。对于含水较多的食品,如冻布丁、蛋糕、面包等,它们的 A_w 大于周围空气的相对湿度,保存时需要防止水分蒸发。

3.1.2 食品干制过程

(1) 湿热传递

食品干制过程是表面水分扩散到空气中,内部水分转移到表面;而热则从表面传递到食品内部。影响湿热传递的因素包括热空气的温度、空气流速、空气相对湿度、大气压力和真空度、食品性质如表面积等。

(2) 食品干燥过程的特性

①干燥水分变化曲线　是表示食品干燥过程中绝对水分($W_{绝}$)和干燥时间(t)之间的关系曲线。该曲线的形状取决于食品种类及干燥条件等因素。任何湿物料的干燥均包含了两个基本过程：降速干燥和恒速干燥的过程(图 3-1)。

②干燥速度曲线　是表示干燥过程中某个时间的干燥速度与该时间的食品绝对水分之关系的曲线(图 3-2)。

③食品温度曲线　是表示干燥过程中食品温度和干燥时间之关系的曲线(图 3-3)。

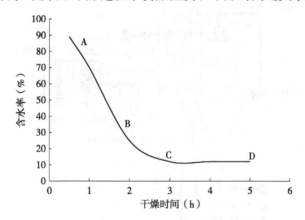

图 3-1　干燥水分变化曲线(刘晔 绘)

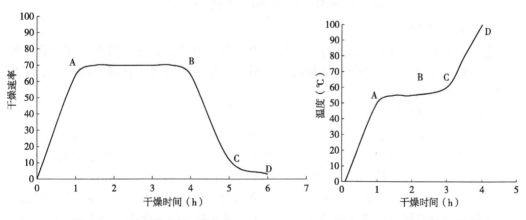

图 3-2　干燥速率曲线(刘晔 绘)　　　　图 3-3　干燥温度曲线(刘晔 绘)

(3) 食品干制工艺条件的选择

总的原则：将物料中的水分降低到满足贮藏要求的水平；最大限度地保持食品的营养素；使干制品具有良好的复水性；尽可能地杀灭细菌及其芽孢，钝化酶的活力；对工艺和设备要求节能，经济实用。

3.1.3 常见干制方法

(1) 流化床干燥

流化床干燥是使颗粒食品在干燥床上呈流化状态或缓慢沸腾状态,其适用对象是(均匀的)颗粒或者粉态食品。

(2) 喷雾干燥

喷雾干燥法就是将液态或浆质态食品喷成雾状液滴,悬浮在热空气流中进行干燥的方法,如图3-4所示,喷雾干燥的特点:蒸发面积大;干燥过程液滴的温度低;过程简单、操作方便、适合于连续化生产;耗能大、热效低。

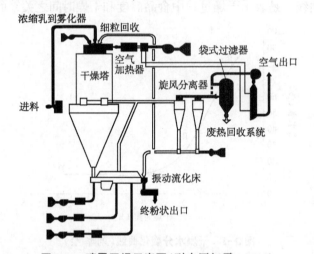

图3-4 喷雾干燥示意图(引自罗红霞,2015)

(3) 滚筒干燥

把附在转动的加热滚筒表面的液体物料以热传导方式进行水分蒸发的连续化干燥过程。滚筒干燥的特点:物料与热表面无介质;热量传递与水分传递方向一致;干燥不均匀、不易控制、制品品质不高。

(4) 冷冻干燥法

冷冻干燥也叫升华干燥、真空冷冻干燥等,是将食品先冻结然后在较高的真空度下,通过冰晶升华作用将水分除去而获得干燥的方法。依赖于温度和压力的改变,水可以在汽、液及固态3种相态之间相互转变或达到平衡状态。

无论是何种型式的冷冻干燥设备,它们的基本组成都包括:干燥室、制冷系统、真空系统、冷凝系统、加热系统等部分。冷冻干燥法能最好地保存食品原有的色、香、味和营养成分;能最好地保持食品原有形态;冻干食品脱水彻底,保存期长;由于物料预先被冻结,原来溶解于水中的无机盐之类的溶质被固定,因此,在脱水时不会发生溶质迁移现象而导致表面硬化。冷冻干燥法的主要缺点是能耗大、成本高。

(5) 红外干燥

以红外线照射物料,当红外线的发射频率与物料内部基本质子的固有频率相匹配时，就会产生类似共振的现象，引起摩擦发热，从而使物料内部水分蒸发。

（6）微波干燥

物料内部的极性分子在微波场中产生极化作用，引起高频振荡，由摩擦发热而使物料中的水分蒸发。

任务实施

1. 喷雾干燥法制备奶粉

（1）器具材料

鲜奶，喷雾干燥器、塑封袋、封口机。

（2）操作步骤

①检查系统部分连接是否良好，有无漏气的地方。

②接上加热电源预热。

③加料干燥。

④干燥操作完成后，收集乳粉。

⑤关闭加热器，停止离心转盘，关机。

⑥清洗管路和转盘。

（3）主要工艺参数

①每小时喷雾量 $G_1 = 436.82$ kg/h。

②蒸发水量 $W = 221.77$ kg/h。

③干燥空气用量 $L = 37.566$ kg 绝干气/kg 水。

巩固训练

1. 训练要求

（1）以小组为单位开展训练，组内成员要分工合作、相互配合完成训练任务。

（2）查找文献资料要全面，试验方案要准确。

（3）通过训练总结食品干制的原理。

2. 训练内容

（1）根据冷冻干燥法生产牛初乳的工艺流程：初乳收集→冷却→检验→分离脱脂→杀菌→浓缩→冷冻升华干燥→成品，写出牛初乳加工的工艺要点。

（2）原料和试剂的采购。

（3）制作牛初乳。

3. 成果

小组合作完成牛初乳的成品一份。

知识拓展

1. 食品在干燥过程中的物理变化

体积缩小,重量减轻;干缩与干裂,多孔性组织形成;溶质迁移,表面硬化。

2. 色泽的变化

果蔬在干制过程中(或干制品在贮藏中)色泽的变化包括3种情况:一是果蔬中色素物质的变化;二是褐变引起的颜色变化;三是透明度的改变。

(1)色素物质的变化

果蔬中所含的色素,主要是叶绿素(绿)、类胡萝卜素(红、黄)、黄酮素(黄或无色)、花青素(红、青、紫)。普通绿叶中含有叶绿素0.28%,绿色果品蔬菜在加工处理时,由于与叶绿素共存的蛋白质受热凝固,使叶绿素游离于植物体中,并处于酸性条件下,这样就加速了叶绿素变为脱镁叶绿素,从而使其失去鲜绿色而形成褐色。将绿色蔬菜在干制前用60~75℃热水烫漂,可保持其鲜绿色,但在加热达到叶绿素沸点时,叶绿素容易被氧化。将菠菜放在水中,经高温真空处理数分钟除去组织中的氧后,再经过烫漂,可使其绿色保持较好。烫漂用水最好选用微碱性,以减少脱镁叶绿素的形成,保持果蔬鲜绿色。用稀醋酸铜或醋酸锌溶液处理,能较好地保持其绿色,但铜的含量要控制在食品卫生许可的范围内。叶绿素在低温和干燥条件下也比较稳定。因此,低温贮藏和脱水干燥的果蔬都能较好地保持其鲜绿色。

花青素在长时间高温处理下,也会发生变化。例如,茄子的果皮紫色是一种花青素,经氧化后则变成褐色;与铁、铝等离子结合后,可形成稳定的青紫色络合物;硫处理会促使花青素褪色而漂白;花青素在不同的pH中会表现不同颜色;花青素为水溶性色素,在洗涤、预煮过程中会大量流失。

(2)褐变

果蔬在干制过程中(或干制品在贮藏中),常出现颜色变黄、变褐甚至变黑的现象,一般称为褐变。

在氧化酶和过氧化物酶的作用下,果蔬中单宁氧化呈现褐色。如苹果干、香蕉干等在原材料去皮后的变化。单宁中含有儿茶酚,这种酚类物质在氧化酶的催化下与空气中的氧相互作用,形成过氧儿茶酚,使空气中氧分子活化。单宁与铁生成黑色的化合物;单宁与锡长时间加热生成玫瑰色的化合物;单宁与碱作用容易变黑。

果蔬中的氨基酸,尤其是酪氨酸在酪氨酸酶的催化下会产生黑色素,使产品变黑,如马铃薯变黑。此外,氨基酸和糖的醛基作用生成复杂的络合物。氨基酸可与含有羰基的化合物,如各种醛类和还原糖起反应,使氨基酸和还原糖分解,分别形成相应的醛、氨、二氧化碳和羟基呋喃甲醛,其中,羟基呋喃甲醛很容易与氨基酸及蛋白质化合而生成黑蛋白素。黑蛋白素的形成与氨基酸含量的多少呈正相关。例如,苹果干在贮藏时比杏干褐变程度轻而慢,是由于苹果干中氨基酸含量较杏干少的缘故。黑蛋白素形成与温度关系极大,提高温度能促使氨基酸和糖形成黑蛋白素的反应加强。据实验,非酶褐变的温度系数很高,温度上升10℃,褐变率增加5~7倍,因此,低温贮藏干制品是控制非酶褐变的有效方法。

(3)透明度的改变

新鲜果蔬细胞间隙中的空气,在干制时受热被排除,使干制品呈半透明状态。因而干制品的透明度取决于果蔬中气体被排除的程度。气体越多,制品越不透明,反之,则越透明。干制品越透明,质量越高,这不只是因为透明度高的干制品外观好,而且由于空气含量少,可减少氧化作用,使制品耐贮藏。干制前的热处理即可达到这个目的。

3. 营养成分的变化

果蔬干制中,营养成分的变化虽因干制方式和处理方法的不同而有差异,但总的来说,水分减少较大,糖分和维生素损失较多,矿物质和蛋白质则较稳定。

(1)水分的变化

由于果蔬在干制过程中水分大量蒸发,干制结束后,水分含量发生了很大变化。一般水分含量按湿重所占的百分数表示。但在干燥过程中,原料重量及含水量均在变化,用湿重的百分数不能说明干燥速度。为了能够了解水分减少的情况或干制进行的速度,宜采用水分率表示。水分率就是一份干物质所含有水分的份数。干燥时,果蔬中的干物质是不变的,只有水分在变化。因此,当干制作用进行时,一份干物质中所含有水分份数的逐渐减少,可明显地表示水分的变化。

(2)糖分的变化

糖普遍存在于果品和部分蔬菜中,是蔬菜甜味的来源。它的变化直接影响到果蔬干制品的质量。

果蔬中所含果糖和葡萄糖均不稳定,易于分解。因此,自然干制的果蔬,因干燥缓慢,酶的活性不能很快被抑制,呼吸作用仍要进行一段时间,从而要消耗一部分糖分和其他有机物。干制时间长,糖分损失越多,干制品的质量越差,重量也越少。人工干制果蔬,虽然能很快抑制酶的活性和呼吸作用,干制时间又短,可减少糖分的损失,但所采用的温度和时间对糖分也有很大的影响。一般来说,糖分的损失随温度的升高和时间的延长而增加,温度过高时糖分焦化,颜色变深褐直至呈黑色,味道变苦,变褐的程度与温度及糖分含量成正比。

(3)维生素的变化

果品蔬菜中含有多种维生素,其中维生素C(抗坏血酸)和维生素A原(胡萝卜素)对人体健康尤为重要。维生素C很容易被氧化破坏,因此在干制加工时,要特别注意提高维生素的保存率。维生素C被破坏的程度除与干制环境中的氧含量和温度有关外,还与抗坏血酸酶的活性和含量有关。氧化与高温的共同影响,往往可能使维生素C被全部破坏,但在缺氧加热的情况下,却可以大量保存。此外,维生素C在阳光照射下和碱性环境中也易遭受破坏,但在酸性溶液或者浓度较高的糖液中则较稳定。因此,干制时对原料的处理方法不同,维生素C的保存率也不同。

另外,维生素A_1和A_2在干制加工中不及维生素B_1(核黄素)维生素B_2(硫胺素)和尼克酸稳定,容易受高温影响而损失。而某些热带果实中的胡萝卜素经熏硫和干燥后却变化不大。

4. 风味变化

芳香物质损失,而且产生异味、煮熟味。

5. 组织学变化

细胞壁折叠、皱缩,毛细管畸变;蛋白质持水能力降低;组织纤维收缩变硬,韧性增加;多汁性和凝胶形成能力丧失。

自主学习资源库

(1)食品伙伴网 http://www.foodmate.net.
(2)食品加工技术. 陈月英. 中国农业大学出版社,2009.
(3)绿色食品干制水产品. NY/T 1712—2018.
(4)干制果蔬生产技术. 孙术国. 化学工业出版社,2010.
(5)乳制品加工技术(第2版). 罗红霞. 中国轻工业出版社,2015.

任务3.2 森林果品干制

果品的干制在我国历史悠久,源远流长。随着社会的进步,科技的发展,人工干制技术也有了较大的发展。从技术、设备、工艺方面都日趋完善。果品干制是一种既经济又大众化的加工方法,森林果品深受大众喜欢。本任务主要学习红枣的干制、乌枣的干制方法。

知识准备

3.2.1 原料的要求

(1)基本要求

干制果品所用的原料品质要求较高,必须对原料进行精心选择。干制原料的基本要求是:干物质含量高,风味色泽好,不易褐变,可食部分比例大,肉质致密,粗纤维少,成熟度适宜,新鲜完整。

(2)列举分析

①苹果 大小中等、肉质致密、皮薄心小、单宁含量少、干物质含量高、充分成

熟。适宜干制的品种有：大国光、小国光、金帅、金冠、红星等。

②梨　肉质细致、含糖量高、香气浓郁、石细胞少、果心小。如巴梨、茌梨、茄梨等。

③桃　果形大、离核、含糖量高、纤维素少、肉质紧密、少汁。果皮部稍变软时采收。如沙子早生、京玉、大九保等。

④杏　要求原料果大色深、含糖量高、水分少、纤维少、充分成熟、有香气。

⑤龙眼　要求果大、圆整、肉厚、核小、干物质或含糖量高、果皮厚薄中等（过薄则易凹陷或破碎、干制后皮肉不相脱离），干制后果肉质地干脆、果肉耐煮制。

⑥荔枝　基本要求与龙眼相同。适于干制的品种有糯米糍、槐枝等。

⑦葡萄　要求原料皮薄、肉质柔软、含糖量20%以上，无核、充分成熟。如无核白、秋马奶子等。

⑧柿子　果形大、圆形、无沟纹、肉质致密、含糖量高、种子小或无核、果实充分成熟、色变红但肉坚实而不软。适于干制的品种有河南荥阳水柿、山东荷泽镜面柿、陕西牛心柿和尖柿等。

⑨枣　果形大（优良小枣品种也可）、皮薄、肉质肥厚致密、含糖量高、粒小。如山东东陵金丝小枣、浙江义乌大枣、山西稷山板枣、河南新郑灰枣、四川糖枣和鸡心枣、长红枣等适宜。

3.2.2　果品干制方法和设备

果品干制的方法，因干燥时所使用的热量来源不同，可分为自然干制和人工干制两类。

(1) 自然干制

①定义　利用自然条件如太阳辐射热、热风等使果疏干燥，称自然干燥。其中，原料直接受太阳晒干的，称晒干或日光干燥；原料在通风良好的场所利用自然风力吹干的，称阴干或晾干。

②特点　自然干制不需要复杂的设备、技术简单易于操作、生产成本低。但干燥条件难以控制、干燥时间长、产品质量欠佳，同时还受到天气条件的限制，使部分地区或季节不能采用此法。如潮湿多雨的地区，采用此法时干制过程缓慢、干制时间长、腐烂损失大、产品质量差。

③方法　一般方法是将原料选择分级、洗涤、切分等预处理后，直接铺在晒场，或挂在屋檐下阴干。自然干制时，要选择合适的晒场，要求清洁卫生、交通方便且无尘土污染、阳光充足、无鼠鸟家禽危害，并要防止雨淋，经常翻动原料以加速干燥。

④设备　所需设备主要有晒场和晒干用具，如晒盘、竹匾、运输工具等，此外还有工作室、熏硫室、包装室和贮藏室等。

(2) 人工干制

人工干制是人工控制干燥条件下的干燥方法。该方法可大大缩短干燥时间获得较高质量的产品，且不受季节性限制，与自然干燥相比，设备及安装费用较高，操作技术比较复杂，因而成本也较高。但是，人工干制具有自然干制不可比拟的优越性，是果蔬干制的努力方向。

任务实施

1. 红枣的干制

（1）器具材料

簸箕、托盘、烘箱，红枣（大枣）。

（2）工艺流程

原料挑选→装盘→烘烤→成品

（3）操作步骤

①挑选分级　烘干前将采收的鲜枣按大小、成熟度分级，剔除病虫害果、破伤果、残落果及杂物。

②装盘　装盘量因枣品种不同而异，一般每平方米面积烘盘装量为13~15kg，厚度以不超过两层为宜。

③烘烤　预热阶段：当枣果进入烘房以后，关闭门窗和气筒。加热升温，使其在6~8h内，室温升高到55℃左右，温度不能上升过快，以免内外扩散失调，发生结壳焦化现象。待果温达35~40℃，果肉变软，用手捏时，果面出现皱纹时为止。蒸发阶段：在第8~10h将温度升高到65~68℃，维持约6h。此阶段由于水分大量蒸发，烘房内相对湿度逐渐增大，当超过70%以上时，立即打开排气筒，排气10~15min，至相对湿度下降到55%左右时关闭排气筒，如此反复进行5~8次，在此阶段要倒盘翻枣5~8次，即将靠近炕下面的两层烘盘与顶部调换，并搅拌翻动，使其受热均匀，干燥一致。烘干阶段：蒸发阶段结束以后，果内游离水已大部分排除，蒸发速度开始减缓，此时将烘房温度下降至55℃左右，维持6~8h，使其水分趋于平衡，并随着枣的逐渐干燥，不断将干燥好的产品及时拣出，未干燥好的产品留待继续干燥，当原料温度与干球温度接近时，干燥结束（图3-5）。

图3-5　干制后的红枣（纪颖 摄）

2. 乌枣的干制

（1）器具材料

电磁炉、冰块、滤筛、簸箕、烘箱，乌枣。

（2）工艺流程

选料→分级→清洗→预煮→冷激→筛纹晾坯→烘烤→精选→包装→成品

(3)操作步骤

①选料、分级 选果形大、果皮全红、肉质厚的优良制干鲜枣,剔除病虫残次果,按果实横径分级,分别加工。

②预煮 将枣果洗净后倒入沸水锅中,加盖急煮,开锅后稍加冷水,不断上下搅动,预煮5~8min。当果肉呈均匀的水渍状,色泽浅绿,质地稍软且具韧性时,预煮完毕。预煮时火力要适宜,过火则果实失去韧性,成品纹理较粗,质量偏低。

③冷激 将枣果捞出,随即投入冷水中,冷浸5~8min,保持水温40~50℃,使果皮起皱。水温偏低时皱纹较粗,水温偏高则不形成皱纹,两者均会影响产品的质量。

④筛纹晾坯 将枣果捞出放入滤筛中轻晃5~6min,滤去浮水。果面经筛面的挤压,可出现细小皱纹。下筛后停放2~3min,晾干果面水分。

⑤烘烤干制 将枣坯在窑面上铺15cm厚,点火烘烤。因枣坯受热不均,在烘烤时全程要进行4~8次翻搅,每次相隔12h,历经受热、蒸发和均湿3个阶段。受热阶段1~2h,箔面温度控制在50~55℃。开始时枣坯用苫席覆盖保温,使果温缓慢升高。此期果面由干至凝露,再至露干。凝露后撤去苫席,以加速蒸发。果面凝露消失以后,进入下一阶段。蒸发阶段4~6h,箔面温度保持65~70℃,手摸有灼烫感。此期温度较高,要谨慎管理。均湿阶段,停火5~6h,使果内水分逐渐外渗,达到内外平衡。避免长时间烘烤,以防果实表面干燥过度而结壳焦糊。第一次均湿后,仔细翻倒上下层枣坯,开始第二次点火烘烤。第二次烘烤后,枣略降温,将其撤离炕面,摊于露天箔面上均湿2~3天,堆厚不超过30cm。如此反复4~8次,至果肉里外硬度一致,稍有弹性为止,果肉含水量应在23%以下。

烘烤过程可以在性能良好的烘房内进行。烘烤用木材以榆木较适宜,这样产品的质量最佳。松、枞等木料含有多量的树脂,燃烧时产生异味,影响产品质量。传统的熏窑为半地下式隧道形火炕,火炕分窑面和窑体两部分。窑面架于窑顶部,长6~10m,宽2.5~3.0m,由横梁、架檩、箔和挡板等构成,是铺放枣坯、干制的场所。窑体是烧火加温的热源供给部分,全部为土木结构。其中下部呈长壕状,深1m,宽0.9m,由地面向下挖掘而成。挖出的土堆在窑边四周,高出地面0.5m,夯实,作为窑体的地上部。在窑体一侧的墙上挖1~2个洞口供火坑管理人员进出。

巩固训练

1. 训练要求

(1)以小组为单位开展训练,组内成员要分工合作、相互配合完成训练任务。
(2)查找文献资料要全面,试验方案要准确。
(3)通过训练总结森林果品干制的加工要点。

2. 训练内容

(1) 根据柿饼加工的工艺流程：选择原料→去蒂→烘干→回软→包装→成品（图 3-6）。写出柿饼加工的工艺要点。

(2) 原料和试剂的采购。

(3) 制作柿饼。

3. 成果

小组合作完柿饼的成品一份。

图 3-6　柿饼（纪颖 摄）

知识拓展

1. 干制果品成品的防虫处理

(1) 低温贮藏

将产品贮藏在 2~10℃ 条件下，抑制虫卵发育，推迟虫害的出现。

(2) 热力杀虫

将果蔬干制品在 75~80℃ 温度下处理 10~15min 后立即包装，可杀死昆虫和虫卵。对于干燥过度的果蔬，可用蒸汽处理 2~5min，不仅可杀虫，还可使产品肉质柔软，改进外观。

(3) 熏蒸剂杀虫

常用的熏蒸剂有二氧化硫和溴代甲烷等。用上述熏蒸剂在密闭的容器或仓库内熏蒸一定时间，可杀死害虫及虫卵。熏蒸剂不仅对昆虫具有毒性，而且对人类也有毒，使用时应戴防毒面具，并注意用高压贮液桶盛装熏蒸剂，使用时由高压贮液桶直接向熏蒸室内输送熏蒸剂。熏蒸剂的使用，常在包装前进行，特别是晒干的果蔬制品，因带有较多昆虫及虫卵，常在离开晒场前就进行熏蒸。果蔬干制品贮藏过程中，也常定期进行熏蒸，以防虫害发生。

2. 干制果品成品的包装

(1) 包装要求

选择适宜的包装材料，能严格密封，有效地防止干制品吸湿回潮，以免结块和长霉；能有效防止外界空气、灰尘、昆虫、微生物及气味的入侵；不透光；容器经久牢固，在贮藏、搬运、销售过程中及高温、高湿、浸水和雨淋的情况下不易破损；包装的大小、形态及外观应有利于商品的推销；包装材料应符合食品卫生要求，包装费用应合理。

(2) 常用的包装材料及容器

①竹篓、柳条筐　过去在北方低湿地区使用较多，但因其过于粗糙、产品安全性不够，现已较少使用。

②纸盒、纸箱　常于箱内或盒内垫衬防潮材料，如涂蜡纸、羊皮纸以及高密度聚乙烯袋，箱(盒)外再用蜡纸、玻璃纸、纤维膜等作小包装。

③金属罐　以马口铁制成的容器，具有防潮、密封、防虫和牢固耐用的特点。适用于果汁粉、蔬菜粉、核桃仁等的包装。

④玻璃罐　能防虫防潮，有的还可真空包装。适于果蔬粉的包装，可避免果蔬粉吸湿结块和生霉。但玻璃罐自重大，加工容易破碎。

⑤塑料薄膜及复合薄膜袋　简单的塑料薄膜袋如聚乙烯、聚丙烯袋包装已相当普遍。复合薄膜袋有由玻璃纸-聚乙烯-铝箔-聚乙烯膜等材料复合而成的薄膜制成的，也有由纸-聚乙烯-铝箔-聚乙烯组合的复合薄膜制成的。由于复合薄膜袋能热合密封，并可用于抽空及充气包装，且不透光、不透气、不透湿，因而适于各类干制品的包装。

3. 干制果品成品的贮藏

包装完善的干制品受贮藏环境的影响较小，但未经包装或包装破损的干制品在不良条件下极易变质。应保证良好的贮藏条件并加强贮藏期管理，才能保证干制品的安全贮藏。

(1) 温度

贮藏温度以 0~2℃ 最好，一般不宜超过 10~14℃。高温会加速干制品的变质，还会导致虫害及长霉等不良现象。

(2) 湿度

空气越干燥越好，贮藏环境中空气相对湿度最好在 65% 以下。高湿会加快干制品长霉，还会增加干制品的水分含量，降低经过硫处理的干制品中二氧化硫的含量，提高酶的活性，引起抗坏血酸等的破坏。

(3) 光照

光线会促使干制品变色并失去香味。因此，干制品应避光包装或避光贮藏。

(4) 氧气

空气的存在，会加速制品的变色和维生素 C 的损失，还会导致脂肪氧化而使风味恶化，故对干制品常采用抽空或充氮(或二氧化碳)包装。在干制品贮藏中，采用抗氧剂，也能获得保护色素的效果，抗氧剂有 D-异抗坏血酸等。

自主学习资源库

(1) 食品伙伴网 http://www.foodmate.net.
(2) 中国果蔬网 http://www.china-guoshu.com.
(3) 食品加工技术. 陈月英. 中国农业大学出版社, 2009.
(4) 绿色食品干制水产品. NY/T 1712—2018.
(5) 干制果蔬生产技术. 孙术国. 化学工业出版社, 2010.

任务3.3 山珍野菜干制

山珍野菜干制品是利用我国各地森林地带的农、林副产品，经一定的加工后干制而成。它们具有悠久生产历史和独特的地方风味，还具有丰富的营养价值，是我国重要的传统土特产。本任务主要学习山野菜的概念、特点以及蕨菜干制、香菇干制的加工工艺要点。

知识准备

3.2.1 基本知识

（1）定义

林区野生山野菜资源因自然生长在森林环境中，无污染，而且营养丰富，口味鲜美，风味独特，不但可以生食，而且还是食品加工工业的重要原料。不仅天然、绿色，且集药用、食用、美味于一体，更是一种无污染的森林食品。随着人们物质生活水平的提高、饮食结构和饮食习惯的变化以及健康饮食和营养饮食意识的增强，对山野菜的市场需求日益增加。另外，由于山野菜属特色蔬菜，迎合了国外友人的爱好，因此在对外出口创汇方面上有良好的前景。山野菜的干制技术作为农村野生资源增值利用的有效途径之一，近年来逐渐兴起。山野菜干制技术适宜在山区和农村实施，便于因地制宜加工生产，产品质量易于保证，对促进山区经济的发展和增加农民收入具有积极的作用。

（2）列举分析

①龙牙楤木　五加科落叶小乔木。一直以来，人们都把采集龙芽楤木作为发展多种经营发家致富的重要品种。但由于掠夺性的采集，使其野生资源受到严重破坏，龙牙楤木的蕴藏量和可采量逐年减少，供需矛盾日渐突出，市场价格一涨再涨。龙牙楤木具有药用、食用、工业加工、观赏等价值。1988年国际山区资源开发与生态保护研讨会上，专家指出：山野菜将是21世纪家庭餐桌上不可缺少的绿色食品，市场开发潜力巨大。日本民间用其治疗糖尿病、胃肠疾病。前苏联有关文献报导：龙牙楤木的根皮对心脏有强壮作用，效果较人参强，对老年痴呆症、阳痿、多种神经衰弱综合症等均有类似人参的作用。

②凤尾蕨菜　生长在山地、草坡、稀疏阔叶混交林或阔叶林空地及林缘，是著名的"无污染山菜"。其营养丰富、含多种维生素及微量元素，富含野樱甙、琥珀酸、延胡索酸等，有清热化痰、利尿安神等功效，且具有清香适口、风味特殊等特点。目前已制成多种多样的佳肴，是理想的食、药兼用的野生植物。大批量出口日本和韩国等。

③黄花菜　百合科萱草属多年生宿根草本植物。含有丰富的营养，据分析，每100g干花中含有人体极易吸收的糖类60%，蛋白质14%，脂肪2%，并含有多种维生素和钙、磷、铁、锌等矿物质，除加工成干菜做佳肴外，也可用鲜花炒食或做汤菜，清香色艳，味美可口，而且还能加工成干菜(图3-7)。东南亚一些国家和地区把黄花菜

图 3-7 黄花菜干(纪颖 摄)

称为"健脑食品"。我国土地资源丰富,气候条件适于黄花菜生长,大面积种植有利于脱贫致富,而且更适合产业化生产。

④其他种类 如猴腿、薇菜、山芹菜、燕尾草等。另外,由于山野菜属特色蔬菜,干制山野菜如黑木耳(图 3-8)、银耳(图 3-9)迎合了国外朋友的爱好,对外出口创汇方面有良好前景。

图 3-8 干制黑木耳(刘晔 摄)

图 3-9 干制银耳(纪颖 摄)

3.2.2 关键工艺

林区山野菜干制方法种类较多。依据目前农村利用的热能来源和处理方法进行分类,主要包括人工干制和自然干制两个大类。

(1)采摘

山野菜生长很快,萌芽数量多,随时可以采摘。采摘应在上午进行,避免露水或蛇。

(2)整理

山野菜采摘后应及时挑选。除去皮、核、壳、根、老叶等杂质,挑出不合格产品,包括具有霉变、病虫害、畸形、严重机械损伤等问题的产品,同时进行分级,以粗细、大小分级。按要求对体积较大的原料进行切分。为了利于脱水干燥,应去掉嫩茎及鳞茎的叶子和根部。

（3）清洗

清洗以软水为宜，去除沾附在表面的泥沙、尘土以及其他的杂质。其中最常用的是手工清洗，原料放入盛水的槽中经过浸泡、淘洗、刷洗、淋洗或用高压水冲洗即可。也可用机械清洗，翻瓜式清洗机、空气式柔软清洗机等是目前比较常用的清洗机。翻瓜式清洗机、空气式柔软清洗机一般适用于粗大、质地较硬和表面不怕受机械损伤的原料；振动喷淋清洗机和空气式柔软清洗机一般适用于细嫩、柔软、多汁、表面光滑的原料。

（4）烫漂与护色

这个步骤作为森林山野菜整个加工过程中最关键的一步，与产品的质量关系密切。烫漂处理的目的是减少褐变、保持原料色泽以及改善口感，可以和护色同时完成。产业化加工主要采用螺旋式烫漂机和链条式烫漂机进行机械烫漂，均可以控制温度和速度。首先将烫漂液温度调至97℃，加入事先溶解好的护色剂，然后加入清洗晾干后的原料，使其与烫漂液的比例控制在1∶3，烫漂1~2min即可。随着护色液使用次数的增多，其有效成分的浓度呈降低趋势，最好在再次投入新料之前，按比例适当增补部分护色液，以免对护色效果产生影响。

（5）干燥

一般采用热风干制机对原料进行脱水干燥。

3.2.3 质量指标

（1）感官指标

要求外观上整齐、均匀、没有碎片。片状干制品标准为：片形完整，片厚基本均匀，干片不能严重弯曲，稍卷曲和皱缩的尚可，没有碎片；块状干制品标准为：规格均匀，形状规则；粉状干制品标准为：粉体均匀，未黏结，没有杂质；条状干制品标准为：大小均匀，没有碎屑，伸展，适度弯曲的尚可。干制品的色泽均匀，最好与原森林山野菜比较相近。风味应保持原森林山野菜的气味和滋味，不存在异味。

（2）理化指标

主要指含水量指标，含水量以5%~10%为宜。

（3）微生物指标

一般要求干制品中不得检出致病菌，干制品的保质期超过6个月。

任务实施

1. 冻干蕨菜制品的加工

（1）器具材料

天平、电磁炉、冷冻干燥箱、烧杯等玻璃器皿，新鲜蕨菜，碳酸氢钠。

（2）操作步骤

原料→分检→清洗→热烫→铺盘→预冷干制→包装→成品

(3)操作要点

①原料分检、清洗　选择无病害、浅绿色新嫩蕨菜为原料，剔除夹杂物和过老的原料，用流水漂洗，洗去泥沙。

②热烫　沥干后用一定浓度的碳酸氢钠溶液在一定温度下热烫一段时间后，尽快冷却，以钝化野菜中的酶活性，防止褐变和维生素C的氧化，增加细胞膜的透性，加快复水时的吸水速度，排除组织中的空气，保护叶绿素并除去野菜中固有的涩味，同时也起到一定程度的杀菌作用，然后用冷水及时冷却。

③铺盘　将烫漂后的蕨菜平整均匀地铺在烘盘上，保持蕨菜之间留有适当距离。

④预冷干制　将装有蕨菜的铺盘置于真空干燥室中迅速抽成高真空状态，而进行自冻预冷，然后利用冷冻干燥机在真空度低于20Pa，温度低于-40℃条件下对蕨菜进行真空冷冻干燥，直至蕨菜制品含水量低于55%为止。

⑤包装　采用真空包装机用聚乙烯塑料复合袋进行真空热合封口，真空包装机的真空度控制在0.7MPa，热封温度为100℃。

2. 鸭儿芹干制品的加工

(1)器具材料

天平、电磁炉、烘箱、烧杯等玻璃器皿、新鲜鸭儿芹、碳酸氢钠。

(2)工艺流程

原料选择→清洗→整理→护色处理→干制→包装→成品

(3)操作步骤

①原料选择　选择无病害、浅绿色新嫩鸭儿芹为原料，剔除夹杂物和过老的原料，用流水漂洗，清除沙尘和部分微生物等。

②整理　除去老叶、老根等不可食部分和不合格部分。

③护色处理　沥干后的鸭儿芹用一定浓度的碳酸氢钠溶液在一定温度下进行热烫处理，护色一段时间后尽快冷却，以钝化野菜中的酶活性，防止褐变和维生素C的氧化，增加细胞膜的透性，加快复水时吸水速度，排除组织中的空气，保护叶绿素并除去野菜中固有的涩味，同时也起到一定程度的杀菌作用。

④干制　将烫漂后的鸭儿芹平整均匀地铺在烘盘上，保持鸭儿芹之间留有适当空隙。然后置于干燥室中进行脱水干燥，直至鸭儿芹干制品含水量低于7%为止。

⑤包装　用聚乙烯塑料复合袋进行真空热合封口，真空包装机的真空度控制在0.7MPa，热封温度为100℃。

巩固训练

1. 训练要求

(1)以小组为单位开展训练，组内成员要分工合作、相互配合完成训练任务。

(2)查找文献资料要全面,试验方案要准确。
(3)通过训练总结山野菜干制的加工要点。

2. 训练内容
(1)根据魔芋干加工的工艺流程:取魔芋块茎→去芽根→水洗→晾干→去皮→切片→烘烤(同时漂白)→检验→包装→成品,写出魔芋干加工的工艺要点。
(2)采购原料和试剂。
(3)制作魔芋干。

3. 成果
小组合作完魔芋干的成品一份。

知识拓展

1. 蔬菜包压块技术
(1)脱水蔬菜压块技术
蔬菜干制后,质量大大减轻,但体积减小程度相对较小。其制品体积膨松、容积大、不利于包装和贮运,且间隙内空气多,产品易被氧化变质。一般脱水蔬菜压块是在脱水的最后阶段,温度为60~65℃时进行。若干燥后产品已经冷却,压块时则易引起破碎,故在压块之前常需喷以热蒸汽,然后立即压块。喷气压块的蔬菜,应与等量的生石灰同贮,以降低产品的含水量。生产中,脱水蔬菜从干制机中取出以后不经回软便立即趁热压块。

(2)操作步骤
①选料 莴苣、豆角、芹菜、青辣椒、马铃薯、胡萝卜、洋葱、食用菌等肉质肥厚、组织致密、粗纤维少的新鲜饱满蔬菜,都可以用来加工脱水蔬菜。

②修整 脱水前,将选好的原料用清水冲洗干净,并除去柄、干叶,放在没有阳光直射的地方晾干。然后用锋利的刀具将萝卜、马铃薯、洋葱等去皮、去根茎后切成片状、丁状或条状,菜叶可以分类捆把,做到整齐一致,便于煮烫。

③煮烫 煮烫时间依据原料种类的不同而有所差异,以菜叶变得透亮或原料略软为度。煮烫过度,营养损失大,且复水能力下降。煮烫过程应始终保持锅中的水处于沸腾状态,蔬菜下锅后要不断翻动,使之充分受热均匀。

④水冷 煮烫好的蔬菜出锅后应立即放入冷水中浸渍散热,并不断冲入新的冷水,待盆中水温与冲入水的温度基本一致时,将蔬菜捞出,沥干水分后便可入房烘烤。

⑤烘干 将煮烫晾好的蔬菜均匀地摊放在烘盘里,然后放在事先设好的烘架上,温度控制在32~42℃,让其干燥,每隔30min进入烘房检查温度,同时不断翻动烘盘里的蔬菜,使之加快干燥速度,一般经过11~16h,当蔬菜水分含量降至20%左右时,可在蔬菜表面均匀地喷洒0.1%的山梨酸,喷完后即可封闭。

⑥分装　烘干出房的干制蔬菜，冷却后就应装入塑料袋中密封，上市销售。

2. 干制品的复水

　　脱水食品在食用前一般都应当复水。复水就是将干制品浸在水里，经过相当时间，使其尽可能地恢复到干制前的状态。脱水菜的复水方法是：将干制品浸泡在 12~16 倍质量的冷水里，经 0.5h 后，在迅速煮沸并保持沸腾 5~7min。复水以后，再烹调食用。干制品复水性就是新鲜食品干制后能重新吸回水分的程度，常用复水率（或复水倍数）来表示。复水率就是复水后沥干质量与干制品试样质量的比值。复水率大小依原料种类（品种）、成熟度、原料处理方法和干燥方法等不同而有差异。

　　复原性就是干制品复水后在质量、大小、形状、质地、颜色、风味、成分、结构以及其他可见因素恢复到原来新鲜状态的程度。复水时的用水量及水质对此影响很大。如用水量过多、花青素、黄酮类色素等溶出而损失。水的 pH 对颜色的影响很大，特别是对花青素的影响更甚。白色蔬菜中的色素主要是黄酮类色素，在碱性溶液中变为黄色，所以马铃薯、花椰菜、洋葱等不宜用碱性水处理。金属盐的存在，对花青素也有害。水中若有 $NaHCO_3$ 或 Na_2SO_3，易使组织软化，复水后组织软烂。硬水常使豆类质地变粗硬，含有钙盐的水还能降低干制品的吸水率。

自主学习资源库

（1）食品伙伴网 http：//www.foodmate.net.
（2）食品加工技术．陈月英．中国农业大学出版社，2009.
（3）绿色食品干制水产品．NY/T 1712—2018.
（4）干制果蔬生产技术．孙术国．化学工业出版社，2010.

项目4 森林饮料加工

学习目标

知识目标

(1) 掌握饮料的分类和森林饮料的原料特性。
(2) 理解饮料加工的基本原理。
(3) 掌握植物蛋白饮料的分类、特点、营养和发展概况。
(4) 理解植物蛋白饮料加工的基本工艺流程及工艺要求。
(5) 熟知果蔬汁饮料的概念和类型。
(6) 理解果蔬汁饮料的加工步骤。

技能目标

(1) 能熟练处理饮料加工用水。
(2) 能在饮料工艺中合理使用食品添加剂。
(3) 能熟练控制植物蛋白饮料的稳定性。
(4) 能熟练解决果蔬汁饮料的褐变问题。
(5) 会独立设计特色森林饮料加工工艺。

任务4.1 饮料工艺中原辅材料处理

当前,我国饮料工业高速发展,饮料市场不断扩大,饮料已成为食品工业的重要组成部分。以森林食品为原料加工而成的森林饮料产品兼有健康食品、绿色食品、有机食品的特点,掌握饮料加工技术是森林饮料食品加工的基础。本任务主要学习饮料的定义、分类、饮料用水处理等知识。

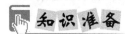知识准备

4.1.1 饮料和软饮料的概念

饮料即饮品,是供人或牲畜饮用的液体。它是经过定量包装的,供直接饮用或按一定比例用水冲调或冲泡饮用的。

何谓软饮料,国际上无明确规定。美国把软饮料定义为:软饮料是指人工配制的,酒精(用作香精等配料的溶剂)含量不超过0.5%的饮料。但不包括果汁、纯蔬菜汁、乳制品、大豆乳制品、茶叶、咖啡、可可等以植物性原料为基础的饮料。日本没有软饮料的概念,称为清凉饮料,包括碳酸饮料、水果饮料、固体饮料,但不包括天然蔬菜汁。英国把软饮料定义为:任何供人类饮用而出售的需要稀释或不需要稀释的液体产品。包括各种果汁饮料、汽水、姜啤以及加药或植物的饮料,不包括水、天然矿泉水、果汁、乳及乳制品、茶、咖啡、可可或巧克力、蛋制品、粮食制品、肉类、酵母或蔬菜的制品、汤料、能醉人的饮料以及除苏打水外的任何不甜的饮料。我国规定:软饮料是指不含酒精或酒精含量小于0.5%(m/V)的饮料制品,又称不含酒精饮料或非酒精饮料。

4.1.2 软饮料的分类

按照原辅料或产品形式的不同,软饮料分为以下10类:

(1)碳酸饮料类

碳酸饮料是指在一定条件下充入二氧化碳气的制品,俗称"汽水"。不包括由发酵法自身产生二氧化碳气的饮料。碳酸饮料成品中二氧化碳气的含量(20℃时体积倍数)不低于2.0倍。

可分为果味型、果汁型、可乐型、低热量型、其他型5种。

①果味型碳酸饮料 以果香型食用香精为主要赋香剂,原果汁含量低于2.5%的碳酸饮料。如柠檬汽水、橘子汽水、雪碧、芬达等。价格便宜,品种繁多,产量最大,人们可以用不同的香精和着色剂,模仿水果的色泽和香型,生产多种果味汽水。

②果汁型碳酸饮料 原果汁含量不低于2.5%,如桔汁汽水、橙汁汽水、菠萝汁汽水或混合果汁汽水等。除具有相应水果所特有的色、香、味之外还有较高的营养成分。

③可乐型碳酸饮料 含有可乐香精(可乐果、古柯叶、月桂等物质提取的辛香和白柠檬油、甜橙油等果香的混合型香气)、焦糖色素、磷酸的碳酸饮料。由于含有咖啡因,该产品同时具有提神作用。如可口可乐、百事可乐等。

④低热量型碳酸饮料 以甜味剂全部或部分替代糖类的碳酸饮料。成品热量低于75kJ/100mL。如健怡可口可乐、轻怡百事可乐等。

⑤其他型碳酸饮料 指上述4种类型以外的,含有植物抽提物或非果香型的食用

香精为赋香剂以及补充人体运动后失去的电解质、能量等的碳酸饮料。如盐汽水、姜汁汽水、沙士汽水、运动汽水、苏打水等。主要有上海延中盐汽水、屈臣氏苏打水、崂山苏打水。

(2) 果汁(浆)及果汁饮料类

用新鲜或冷藏水果为原料，经加工制成的制品。

①果汁　是以水果为原料经过物理方法如压榨、离心、萃取等得到的汁液产品，一般指纯果汁或100%果汁。

②果浆　采用打浆工艺将水果或水果的可食部分加工制成未发酵但能发酵的浆液，具有水果原有特征的制品。

③浓缩果汁　指采用物理方法从果汁中除去一定比例的天然水分制成具有果汁应有特征的制品。

④浓缩果浆　果浆经浓缩除去水分制成的制品。

⑤果肉饮料　在果浆或浓缩果浆中加水、糖、酸、香精等调制而成的制品，成品中果浆含量≥30%(m/V)。混合果肉饮料：指含两种或两种以上果浆的果肉饮料。

⑥果汁饮料　以原果汁或浓缩果汁为原料，加水、糖、酸、香精等调配而成的浑汁或清汁制品，成品中果汁含量≥10%(m/V)，如麒麟橙汁、三得利橙汁、鲜的每日C橙汁。

混合果汁饮料：含两种或两种以上果汁的果汁饮料，如农夫果园混合果汁饮料。

⑦果粒果汁饮料　在果汁或浓缩果汁中加入水、柑橘类的囊胞或其他水果经切细的果肉、糖、酸等调配而成的制品。要求产品中果粒含量≥5%(m/V)，果汁含量≥10%(m/V)，如四洲粒粒橙、果粒橙。

⑧水果饮料浓浆　在果汁或浓缩果汁中加水、糖、酸等调配而成的，含糖较高的，稀释后方可饮用的制品，稀释后要求果汁≥5%(m/V)。例如，产品标签为稀释4倍，则1份饮料加3份水。

⑨水果饮料　在果汁或浓缩果汁中加水、糖、酸、香精等调配而成的浑汁或清汁制品，成品中果汁含量≥5%(m/V)。混合水果饮料：含两种或两种以上果汁的水果饮料。

(3) 蔬菜汁及蔬菜汁饮料类

用新鲜或冷藏蔬菜(包括可食的根、茎、叶、花、果实，食用菌，食用藻类及蕨类等)为原料，经榨汁、打浆或浸提等制成的制品。

①蔬菜汁　指在用机械方法将蔬菜加工制得的汁液中加入食盐或白砂糖等调制而成的制品，如番茄汁、胡萝卜汁、无糖纯南瓜汁等。

②蔬菜汁饮料　指在蔬菜汁中加入水、糖液、酸味剂等调制而成的可直接饮用的制品。含有两种或两种以上蔬菜汁的蔬菜汁饮料称为混合蔬菜汁饮料。

③复合果蔬汁　指在蔬菜汁和果汁中加入白砂糖等调制而成的制品。复合果蔬汁利用各种果蔬原料的特点，从营养、颜色和风味等方面进行综合调制，创造出更为理

想的果蔬汁产品。如农夫果园。

④发酵蔬菜汁饮料 指蔬菜或蔬菜汁经乳酸发酵后制成的汁液中加入水、食盐、糖液等调制而成的制品。

⑤食用菌饮料 在食用菌子实体的浸取液中加入水、糖、酸等调制而成的制品。选用无毒可食用培养基接种食用菌菌种，经液体发酵制成的发酵液中加入糖、酸等调制而成的制品。

⑥藻类饮料 将海藻或人工繁殖的藻类，经浸取、发酵或酶解后所制得的液体中加入水、糖、酸等调制而成的制品，如螺旋藻饮料等。

⑦蕨类饮料 可食用蕨类植物(如蕨的嫩叶)经加工制成的制品。

(4) 含乳饮料类

①以鲜乳或乳制品为原料(经发酵或未经发酵)，加水或其他辅料调制而成的液状制品。分为配制型含乳饮料和发酵型含乳饮料两类。

②以鲜乳或乳制品为原料，加入水、糖、果汁、可可、酸等调制而成的制品，不经发酵。成品中蛋白质≥1.0%(m/V)的称乳饮料，蛋白质≥0.7%(m/V)的称为乳酸饮料。如营养快线。

③以鲜乳或乳制品为原料，在经乳酸菌培养发酵制得的乳液中加入水、糖、酸等调制而成的制品。成品中蛋白质≥1.0%(m/V)的称乳酸菌乳饮料，蛋白质≥0.7%(m/V)的称为乳酸菌饮料。如太子奶。

(5) 植物蛋白饮料类

蛋白质含量较高的植物果实、种子或核果类、坚果类的果仁等为原料，与水按一定比例磨浆去渣后调制所得的乳浊状液体制品。成品中蛋白质含量≥0.5%(m/V)。如豆乳、椰奶、杏仁露、维维豆芽奶、维维黑芝麻豆奶、椰树牌杏仁椰汁。

(6) 瓶装饮用水类

密封于塑料瓶、玻璃瓶或其他容器中不含任何添加剂可直接饮用的水，包括饮用天然矿泉水、饮用纯净水和其他饮用水。

①饮用天然矿泉水 从地下深处自然涌出的或经人工开采的、未受污染的地下矿水；含有一定量的矿物盐、微量元素或二氧化碳气体；在通常情况下，其化学成分、流量、水温等动态指标在天然波动范围内相对稳定。如滋宝天然矿泉水、依云矿泉水。

②饮用纯净水 以符合生活饮用水卫生标准的水为原料，通过电渗析、离子交换、反渗透、蒸馏及其他适当的加工方法，去除水中的矿物质、有机成分、有害物质及微生物等加工制成的水。如屈臣氏蒸馏水、娃哈哈纯净水等。

(7) 茶饮料类

茶叶用水浸泡后经抽提、过滤、澄清等工艺制成的茶汤或在茶汤中加入水、糖、酸、香精、果汁或植(谷)物抽提液等调制加工而成的制品。

①茶汤饮料 将茶汤或浓缩液直接灌装到容器中的制品。

②果汁茶饮料 在茶汤中加入水、果汁或浓缩果汁、糖、酸等调制而成的制品。

成品中果汁含量≥5.0%(m/V)。

③果味茶饮料 在茶汤中加入水、食用香精、糖、酸等调制而成的制品。如柠檬红茶。

④其他茶饮料 在茶汤中加入水、植(谷)物抽提液、糖、酸等调制而成的制品。如奶茶、茶汽水。

(8) 固体饮料类

以糖、食品添加剂、果汁或植物抽提物等为原料，加工制成的水分含量在5%(m/m)以下，具有一定形状(粉末状、颗粒状、片状或块状)，需经水冲溶后才可饮用的饮料。按原料组分不同可分为果香型、蛋白型和其他型。

①果香型固体饮料 以糖、果汁、营养强化剂、食用香精、着色剂等为原料，加工制成的用水冲溶后具有色、香、味与品名相符的制品。如 TANG 果珍。果味型固体饮料和果汁型固体饮料都属于果香型固体饮料，稀释后具有与各种鲜果汁一样的色、香、味。果味型固体饮料的色、香、味全部来自人工调配，几乎不用果汁；而果汁型固体饮料的色、香、味则主要来自于天然果汁，原果汁含量一般为20%左右。

②蛋白型固体饮料 以糖、乳制品、蛋制品或植物蛋白等为主要原料制成的制品，是指含有蛋白质和脂肪的固体饮料。如麦乳精、阿华田、乐口福等。

③其他型固体饮料 以糖为主，添加咖啡、可可、乳制品、香精等加工制成的制品。以茶叶、菊花、茅根等植物为主要原料，经抽提、浓缩，与糖拌匀或不加糖加工制成的制品。如雀巢柠檬茶、菊花晶。以食用包埋剂吸收咖啡(或其他植物提取物)及其他食品添加剂等为原料加工制成的制品。如速溶咖啡。

(9) 特殊用途饮料类

通过调整饮料中天然营养素的成分和含量比例，以适应某些特殊人群营养需要的制品。此类饮料基本上是以水为基础，添加氨基酸、牛磺酸、咖啡因、电解质、维生素等调制而成。包括运动饮料、营养素饮料和其他特殊用途饮料。

①运动饮料 营养素的成分和含量能适应运动员或参加体育锻炼人群的运动生理特点、特殊营养需要，并能提高运动能力的制品。此类运动饮料中的主要成分除了糖、电解质和维生素以外，还添加了一些强化的营养成分。饮用这类运动饮料的人可承受更大的运动负荷，运动后能恢复得更快。

②营养素饮料 添加适量食品营养强化剂(维生素、矿物质、氨基酸、牛磺酸等)，补充某些人群特殊营养需要的制品。如红牛维生素饮料。

③其他特殊饮料 除了上述两类以外的特殊用途饮料。由于其他特殊用途，饮料中科学地添加了多种功能成分，使饮料的风味更加具有特色。目前，促进脂肪代谢、安全减肥、排毒养颜、健身美容、抗疲劳等饮料的开发热潮正在兴起。如低热量饮料、"力保健"保健饮料。

(10) 其他饮料类

上述9种类型以外的软饮料。

4.1.3 饮料用水的处理

(1)天然水中的杂质

①悬浮物　主要是泥土、砂粒之类的无机物质,也有浮游生物(如蓝藻类、绿藻类)及微生物等。悬浮物质在成品饮料中能沉淀出来,生成瓶底积垢或絮状沉淀的蓬松性微粒;会影响CO_2的溶解,造成装瓶时喷液;有害的微生物的存在不仅影响产品风味,而且还会导致产品变质。

②胶体物质　胶体物质分为两种:无机胶体和有机胶体。无机胶体如黏土和硅酸胶体,是由许多离子和分子聚集而成的,它们占水中胶体的大部分,是造成水质混浊的主要原因。有机胶体是一类分子质量很大的高分子物质,一般是动植物残骸经过腐蚀分解的腐殖酸、腐殖质等,是造成水质带色的原因。

③溶解物质　主要是溶解气体、溶解盐类和其他有机物。溶解气体主要是氧气和二氧化碳、硫化氢和氯气等,这些气体的存在会影响碳酸饮料中二氧化碳的溶解量并产生异味,影响其他饮料的风味和色泽。溶解盐类构成了水的硬度和碱度。

(2)饮料工业用水的水质要求

饮料用水首先要满足生活饮用水的卫生要求,其次要满足理化指标:浊度<2度,色度<5度,总固形物<500mg/L,总硬度($CaCO_3$计)<100mg/L,总碱度($CaCO_3$计)<50mg/L,游离率<0.1mg/L。

(3)饮料用水的水处理

水的混凝沉淀、过滤、软化、消毒是水处理中的常规处理方法。

①混凝沉淀　常用的混凝剂是铁盐和铝盐等无机混凝剂,铁盐包括硫酸亚铁、硫酸铁及三氯化铁,铝盐有明矾、硫酸铝、碱式氯化铝等。为了提高混凝的效果,加速沉淀,有时需要加入一些辅助药剂,称为助凝剂。常用的助凝剂有:活性硅酸、海藻酸钠、羧甲基纤维素钠(CMC)及化学合成的高分子助凝剂,包括聚丙烯胺、聚丙烯酰胺、聚丙烯等。还有用来调节pH的碱、酸、石灰等。硬度高的水广泛使用硫酸铝或硫酸亚铁的凝聚沉淀法。

②过滤　原水通过粒状滤料层时,其中一些悬浮物和胶体物质被截留在孔隙中或介质表面上,这种通过粒状介质层分离不溶性杂质的方法称为过滤。过滤过程是一系列不同过程的综合,包括阻力截留(筛滤)、重力沉降和接触凝聚。一般来说,阻力截留主要发生在滤料表层,重力沉降和接触凝聚主要发生在滤料深层。通过过滤可以除去以自来水为原水中的悬浮杂质、氢氧化铁、残留氯及部分微生物。过滤也可以除去以井水(或矿泉水、泉水)为原水中的悬浮杂质、铁、锰及部分细菌。过滤常用砂石过滤器、砂滤棒过滤器、活性炭过滤器等。饮料用水在水消毒前进行砂滤棒过滤,可使原水中存在的少量有机物及微生物被砂滤棒的微小孔隙吸附截留于表面而除去一部分。

③软化　硬度大的水(一般是地下水),未经处理不能作饮料生产和冷却等的用水,因此使用前必须进行软化处理,使原水的硬度降低。水的软化常采用以下方法:石灰软化法、离子交换法、电渗析法和反渗透法。石灰软化法是一种既简单又经济的软化

水的方法，此法不仅可以去除水中的 CO_2 和降低大部分的碳酸盐硬度，而且可以降低水的碱度和含盐量。离子交换法是利用离子交换剂中的可交换基团与溶液中各种离子间的离子交换能力的不同来进行分离的一种方法，按水处理的要求将原水中所不需要的离子通过交换而暂时占有，然后再将它释放到再生液中，使水得到软化的水处理方法。电渗析法是利用离子交换膜和直流电场的作用，从水溶液和其他不带电组分中分离带电离子组分的一种电化学分离过程。反渗透法是通过半透膜把溶液中的溶剂分离出来。反渗透设备的系统可从水中除去90%以上的溶解性盐类和99%以上的胶体、微生物、微粒和有机物等。

④消毒　原水经混凝沉淀、过滤、软化处理后，水中大部分微生物随同悬浮物质、胶体物质和溶解杂质等已被除去，但仍有部分微生物存留在水中（反渗透处理除外），为了保证产品质量和消费者的健康，对水要进行严格的消毒处理。目前国内外常用的消毒方法有氯消毒、紫外线消毒和臭氧消毒。

任务实施

1. 矿泉水的加工工艺

（1）器具材料

取样器、砂滤棒过滤器、活性炭过滤器、灭菌器。

（2）工艺流程

引水→曝气→过滤→灭菌→成品

（3）操作步骤

①引水　在引水过程中应防止水温变化和水中气体的散失；防止周围地表水的渗入；防止空气中氧气的氧化作用及有害物质的污染。

②曝气　使矿泉水和经过净化的空气充分接触，以脱去各种气体和多余的盐。

③过滤　去除水中的不溶性杂质及微生物使水质清澈透明，清洁卫生。

④灭菌　臭氧已广泛用于水的消毒，同时也可用做除去水臭、水色及铁和锰的主要方法。需控制臭氧的用量（包括流量、界面、流速、时效等参数）。

2. 蒸馏水制作

（1）器具材料

三口圆底烧瓶、球形冷凝管、万能夹、乳胶管、铁架台、万用炉。

（2）工艺流程

组装→加热→收集

（3）操作步骤

①组装　将三口圆底烧瓶、球形冷凝管、万能夹、乳胶管、铁架台组装好。

②加热　在蒸馏烧瓶里加自来水至烧瓶容积的2/3，再加入一些碎瓷片，然后给蒸

馏烧瓶加热。

③收集　当水温达到100℃时，水沸腾，水蒸气经过冷凝管冷凝后，收集在锥形瓶中，最先流出来的蒸馏水要弃去，然后收集蒸馏出的水。

巩固训练

1. 训练要求
(1)以个人为单位开展训练，独立完成训练任务。
(2)查找文献资料要全面，试验方案要准确。
(3)通过训练总结饮料加工要点。

2. 训练内容
根据碳酸饮料加工的工艺流程(一次灌装法)：

饮用水→水处理→冷却→汽水混合←CO_2
　　　　　　　　　　　　↓
糖浆→调配→冷却→混合→灌装→密封→检验→成品
　　　　　　　　　　　　↑
容器→清洗→杀菌→冷却─┘

写出碳酸饮料加工的工艺要点。

知识拓展

1. 软饮料中甜味剂的使用

甜味剂是软饮料生产中的基本原料。它能赋予饮料甜味，调节口味，此外，甜味剂还能赋予饮料一定的质感，帮助香气的传递与保持。软饮料生产中常用的甜味剂有：蔗糖、葡萄糖、果糖、果葡糖浆以及一些人工甜味剂等。

(1)糖

①蔗糖　甜味纯正、圆润，其他甜味剂都是以蔗糖的甜度作为对照。使用时，可以根据不同饮料品种调整糖浓度，一般来说8%~14%的浓度较为可口。同时，在调配时，还应该注意甜味的增效、减效等作用。在预先配制糖液备用时，糖浆浓度一般在58%左右比较合适。首先，高浓度蔗糖溶液具有较高的渗透压，可以抑制微生物的生长繁殖；其次，该浓度即使在低温下黏度也较小，比较易于处理。

②葡萄糖　甜度为蔗糖的70%~80%，它能使配合的香味更加精细，即使浓度达到20%，也不会有令人不适的浓甜感。葡萄糖可以直接被人体吸收，因此，在饮料中使用，可立即起到使饮用者消除饥饿或增强运动能力的作用，所以比较适合于运动饮料，可以及时地补充运动者的能量。

③果糖　具有清凉的甜味，甜度是糖类中最甜的，为蔗糖的1.4~1.7倍。果葡糖

浆(异构糖浆)是用酶法糖化淀粉,所得糖化液再经葡萄糖异构酶作用,使其中部分葡萄糖转化为果糖,所得糖分主要为葡萄糖和果糖的糖浆。

(2)糖醇类

糖醇类都是经过相应的糖氢化制得,如山梨糖醇、木糖醇和麦芽糖醇等。其特点为:甜度大致与葡萄糖相仿;在体内吸收利用,不增加血糖值,不经胰岛素作用,可以供糖尿病患者使用;不可被发酵,因此不会引起牙齿龋变;不发生美拉德反应;过量食用会引起肠胃不适或腹泻。

(3)人工合成甜味剂

人工合成甜味剂一般甜度都很高,目前,人工合成甜味剂主要有:糖精和糖精钠、甜蜜素、安赛蜜、阿斯巴甜和三氯蔗糖等。

2. 软饮料中酸味剂的使用

酸味剂是软饮料中使用量仅次于甜味剂的一种重要的材料。酸味剂按照组成可以分为两大类:有机酸和无机酸。

(1)有机酸

①苹果酸　酸味爽口,稍有苦涩感,在生产中经常与柠檬酸合用,可以模拟出水果的各种酸味,尤其适合用于苹果汁饮料中。

②酒石酸　酸味爽口,略有涩感。一般不单独使用,多与柠檬酸、苹果酸合用,特别适合于葡萄汁饮料。

③乳酸　味质有涩软的收敛味,在乳饮料生产中使用广泛。

④其他类型的有机酸　抗坏血酸、葡萄糖酸具有清凉感的酸味,可以用于清凉饮料。己二酸酸味柔和,持久,对于一些不适宜立即释放风味的产品可改善味感,常用于固体饮料。富马酸酸味强,持续久,有较强的涩味,又由于其吸湿性小,难溶,所以常用于固体发泡饮料和热饮。丁酸在高浓度时有腐败味,但在低浓度时可以产生诱人的奶香味,可以用于乳饮料中。

(2)无机酸

应用较多的是磷酸,磷酸酸味强烈,多应用于可乐型饮料,能很好地和可乐香精配合。由于磷酸的酸味与植物根、茎或草的气味协同良好,所以也用于植物提取物配制的饮料。

3. 软饮料中其他辅料的使用

(1)色素

色素是人们评价食品质量的重要感观指标,同时也是判断食品质量是否新鲜的指标,尤其是对一些透明包装的饮料。

在生产中,即使是同一种类的食品原料,也会由于产地、成熟期、培育方式的不同而带有不同的色泽,而且在饮料加工中,食品中的天然色素还会不可避免地发生退色或变化。因此,饮料中往往需要添加合适的色素,使产品具有良好的外观。

色素按照来源可以分为天然色素和合成色素，天然色素是从天然原料中提取，主要是由植物中提取的，如花青素、辣椒红和姜黄素等，也有来自动物和微生物的，如胭脂虫红、红曲红等。天然色素的优缺点：安全性高，色调自然；坚牢度差，性质不稳定；成分复杂，纯品成本高，产品差异大。合成色素是指用化学方法人工合成的色素，我国现在允许在软饮料中使用的有：苋菜红、胭脂红、赤藓红、柠檬黄、日落黄、亮蓝、靛蓝等。合成色素特点：色彩鲜艳，性质稳定，成本低廉，使用方便，所以应用广泛，但食用安全性还有待进一步验证。

(2) 乳化剂

饮料是一个复杂的、多组分的多相体系。饮料中添加乳化剂可以形成均匀稳定的分散体系或乳化体系，从而改善风味和口感，延长货价期。主要的乳化剂有：单硬脂酸甘油酯、蔗糖脂肪酸酯、山梨醇酐单硬脂酸酯、山梨醇酐三硬脂酸酯、木糖醇单硬酯酸酯等。

(3) 防腐剂

饮料在生产过程中会受到来自原料、设备、操作人员、工具等微生物的污染，虽然多数饮料必须经过加热杀菌处理，但如果加入防腐剂则能更好地起到协同作用，而且能减轻杀菌强度，减少饮料风味和营养的损失。

①苯甲酸和苯甲酸钠　苯甲酸易溶于乙醇，难溶于水；苯甲酸钠易溶于水。因苯甲酸钠易溶，故使用较多。两者都可抑制发酵，也都可抑菌，但苯甲酸钠效力稍弱一些。均因pH不同而作用效果不同，当pH在3.5以下时其作用较好，当pH在5以上直到碱性时，其效果显著降低。此外，软饮料的成分和微生物污染程度不同，其效果也不同。一般对pH为2.0~3.5的果汁，其起作用的必要量大约为苯甲酸0.1%。但作为软饮料的许可使用量均低于0.1%，所以单独使用不可能长时间起防腐作用。为此，往往和其他防腐剂并用，或与其他保存技术并用。苯甲酸钠的使用方法为先制成20%~30%的水溶液，一边搅拌一边徐徐加入果汁或其他饮料中。若突然加入饮料中，或加入结晶的苯甲酸，则难溶的苯甲酸会析出沉淀而失去防腐作用。对浓缩果汁要在浓缩后添加，因苯甲酸在100℃时开始升华。

②山梨酸及其钾盐　山梨酸为无色的针状结晶或结晶性粉末，山梨酸钾为白或淡黄褐色的鳞片状结晶、结晶性粉末或颗粒，无臭或有极微小的气味。山梨酸难溶于水，因而要将其预先溶于醋酸、酒精、丙二醇中使用。在乳酸菌饮料等饮料中，使用易溶于水、食盐水、砂糖液的山梨酸钾。它们虽非强力的抑菌剂，但有较广的抗菌谱，对霉菌、酵母、好气性细菌都有作用。酸型的防腐剂的共同特性为，在pH低的时候，以未离解的分子态存在的数量多，抑菌作用也强。例如，pH为3.0时对霉菌、酵母的作用需60~250mg/kg，但在pH为6.5时，则需1000~2000mg/kg。山梨酸及其盐在使用时，若制品含菌量较多，则其自身可被微生物利用作为能源，故必须在比较卫生的加工条件下应用才能有效。

(4) 抗氧化剂

抗氧化剂有油溶及水溶之分，软饮料生产中使用的是水溶性的抗氧化剂，如抗坏血酸、异抗坏血酸、亚硫酸盐类、葡萄糖氧化酶、过氧化氢酶等。

①抗坏血酸、异抗坏血酸及其钠盐　一般对果实饮料的使用量为0.01%~0.05%，使用钠盐时，其用量要增加一倍。使用抗坏血酸最好在果实破碎或刚破碎完毕时加入，且应在添加后尽快与空气隔绝。否则在空气中长时间放置，抗坏血酸会因氧化作用而失效。因此该品亦不能预先配制溶液放置，只能在使用前将其溶解并立即加入制品中。

②亚硫酸盐　可兼有漂白、防腐和抗氧化作用。作为防止氧化变色的用量远低于其防腐用量，如防止柑橘汁在15~20℃贮藏时变色，以SO_2计只需10~90mg/kg，葡萄浓缩汁只需20mg/kg即可。

③葡萄糖氧化酶　可将2分子葡萄糖氧化成为2分子葡萄糖酸而消耗1分子氧，从而表现出抗氧化作用。在反应过程中生成的过氧化氢，因同时存在的过氧化氢酶而分解。在果实饮料中添加，可以防止褐变，防止风味变化，防止金属罐中锡、铁离子的溶出。

(5) 酶制剂

用于果汁生产可以提高出汁率，帮助澄清果汁，果胶酶处理果汁时，酶的用量对于澄清效果有很大的影响。果胶酶用量低的时候，果胶分解不完全，澄清效果差；用量高时，酶蛋白又会使果汁产生混浊，所以果胶酶的用量有一个最适合的范围。由于果汁中往往存在许多中性糖和果胶结合，因此有时只用果胶酶难以分解，常常与其他分解酶共用。

自主学习资源库

(1) 食品伙伴网 http：//www.foodmate.net.
(2) 中国饮料工业协会 http：//www.chinadrink.net.
(3) 食品加工技术. 陈月英. 中国农业大学出版社, 2009.
(4) 软饮料工艺学. 蒋和体, 吴永娴. 中国农业科学技术出版社, 2011.
(5) 软饮料加工技术. 田海娟. 化学工业出版社, 2009.
(6) 食品添加剂使用标准. GB 2760—2014.

任务4.2　植物蛋白饮料加工

植物蛋白饮料是用具有一定蛋白质含量的植物果实、种子或果仁等为原料，在经过加工制得的浆液中加水，或加入其他食品配料制成的饮料。森林食品植物蛋白饮料是一类绿色的、营养型饮料，是森林食品加工的重要部分。本任务主要学习植物蛋白饮料的概念及类型、山核桃露饮料、椰子汁饮料和杏仁乳(露)饮料加工技术。

知识准备

4.2.1 概述

(1) 根据加工原料不同分类

①豆乳类饮料 以大豆为主要原料，经磨碎、提浆、脱腥等工艺制成的无豆腥味的制品。其制品又分为纯豆乳、调制豆乳、豆乳饮料。

②椰子乳(汁)饮料 以新鲜成熟的椰子果肉为原料，经压榨制成椰子浆，加入适量水、糖类等配料调制而成的乳浊状制品。

③杏仁乳(露)饮料 以杏仁为原料，经浸泡、磨碎、提浆等工序后，再加入适量水、糖类等配料调制而成的乳浊状制品。

④核桃乳(露)饮料 以优质核桃仁、纯净水为主要原料，采用现代工艺、科学调配精制而成，口感细腻，具有特殊的核桃浓郁香味，冷饮、热饮均可，热饮香味更浓。

⑤其他植物蛋白饮料 如花生、南瓜子、葵花子等与水按一定比例经磨碎、提浆等工序后，再加入糖类等配料调制而成的制品。

(2) 营养价值

植物蛋白饮料的主要原料为植物核果类及油料植物的种子。这些籽仁含有大量蛋白质、维生素、矿物质等，同时具有低脂肪、无胆固醇等特点，营养全面均衡、口感良好，具有天然植物的营养保健功能。

①蛋白质含量高 植物蛋白是相对于动物蛋白而言的。不同种类的蛋白质其营养价值有所区别，而决定蛋白质营养价值的主要因素是蛋白质中所含有的必需氨基酸的种类、含量及质量。植物蛋白主要来源于谷类、豆类、坚果类等。作为植物蛋白饮料原料的大豆、花生、核桃等豆类、坚果类食物，其蛋白质含量较高。例如，大豆蛋白质含量高达45%左右，其氨基酸组成与牛奶蛋白质相近，除蛋氨酸略低外，其余必需氨基酸含量均较丰富，是植物性的完全蛋白质，在营养价值上与动物蛋白等同，在基因结构上也最接近人体氨基酸，所以是最具营养的植物蛋白质。

②脂肪质量优 提供动物蛋白的动物类食物中，大多含有大量的饱和脂肪酸，而提供植物蛋白的植物类食物，含有大量亚油酸和亚麻酸，但却不含胆固醇、饱和脂肪，长期食用，不仅不会造成血管壁上的胆固醇沉积，而且还能有助于溶解已沉降的胆固醇。因此，患有动脉硬化、高血脂、脂肪肝、糖尿病等疾病的人，食用更多的植物蛋白食品，对健康更有益。

③不含乳糖、多粗纤维 对于亚洲人来说，大多体内不含乳糖酶，饮用牛奶(牛奶中含有乳糖)时会产生"乳糖不耐症"等过敏问题，而植物蛋白饮料不含乳糖，则不会产生"乳糖不耐症"等问题，更利于人体消化吸收。植物蛋白饮料含有较多的粗纤维，能防止血液中钠离子的升高，有助于防止高血压；能促进胃肠蠕动，吸附某些化学物质，具有防止消化道癌及其他癌症的功效。

④维生素与矿物质含量丰富　植物蛋白饮料富含维生素 B_1、B_2、烟酸和维生素 E 等多种维生素，尤其是含有较多的维生素 E，可防止不饱和脂肪氧化、去除过剩的胆固醇、防止血管硬化、减少褐斑，并且有预防老年病发生的作用。植物蛋白饮料还富含钙、锌、铁等多种矿物质和微量元素，属于碱性食品，可以缓冲肉类、鱼、蛋、家禽和谷物等酸性食品的不良作用。

4.2.2　植物蛋白饮料的主要工艺要点

由于植物蛋白饮料不同于一般的酸性饮料，具有自身的特点，在生产中容易出现分层、变质等问题，因此，其生产加工相对来说比较复杂。主要有以下几个关键步骤：

(1) 浸泡

通过浸泡，可以降低磨浆时的能耗与磨损，提高胶体分散程度和悬浮性，增加得率。

(2) 灭酶

例如，大豆中含有脂肪氧化酶，大豆的细胞壁破碎后，在有水分的条件下，脂肪氧化酶可以与脂类底物反应，发生氧化降解，产生豆腥味。因此，需将引起豆腥味和涩味的脂肪氧化酶钝化，以减少产品的不良气味和口味。将浸泡后的大豆放入煮沸的 $0.5\%NaHCO_3$ 溶液中热烫 6min，捞出后用自来水冲洗冷却并沥干水分。

(3) 脱皮

脱皮可减轻豆腥味，提高产品白度，从而提高豆乳品质。脱皮的方法有干法脱皮和湿法脱皮。

(4) 磨浆

磨浆工序的要求是磨的要细。可以采用粗细两次磨浆的方法，经磨浆机粗磨后再经胶体磨细磨，这样有利于提高蛋白质的回收率。所得浆液采用 4 层 100 目的筛网过滤，将原料中较大颗粒去掉，保证口感的细腻度。

(5) 浆渣分离

用浆渣分离机进行浆渣分离，第一次 80 目，第二次 200 目，采用热浆分离，可降低浆体黏度，有助于分离及保证蛋白质的回收率。

(6) 调配

调制的内容：强化营养，如补充蛋氨酸、钙等；添加甜味剂，如白砂糖；添加稳定剂，如 PGA；添加乳化剂，如单甘酯。

(7) 均质

为使蛋白饮料中的大颗粒细微化，防止产品发生乳相分离，脂肪上浮，蛋白质颗粒聚沉等现象，改善口感，保持产品的稳定性，需要使蛋白质粒子与水分子充分水化，构成更加稳定体系。调配好的料液经均质机进行乳化均质可以提高饮料的口感和稳定性，形成均一的分散液。均质温度 70~75℃，压力 18~20MPa。

(8) 灭菌

植物蛋白饮料富含蛋白质、脂肪和糖，是细菌的良好培养基，很容易变质，因此调制后需进行超高温瞬时灭菌(UHT)，工艺条件为137℃、4s。

(9) 脱臭

除去蒸煮味和残留的豆腥味。

任务实施

1. 山核桃露加工

(1) 仪器设备

天平、电磁炉、烘箱、食品加工器、目筛、均质机、杀菌釜、烧杯等玻璃器皿。

(2) 材料和试剂

山核桃，氢氧化钠、白砂糖。

(3) 工艺流程

山核桃→精选→去壳、去皮→灭酶→磨浆→调制→均质→罐装、杀菌→冷却→成品

(4) 操作步骤

①脱内衣　除去杂质和外壳的果仁要脱除内衣。水浸法：果仁倒入80~90℃热水中，热烫10~30min，热水中可加5%~12%的NaOH，然后清水冲洗，去皮。干燥法：将果仁放入热风干燥箱中焙烤，温度110~120℃，时间2~3h，内衣果肉脱离，冷却，去皮。

②灭酶　脱去内衣的果仁在90℃热水中漂烫2~3min，迅速冷却，避免油脂渗出。

③制浆　用加工器将果仁磨成浆状，加水量为12倍，浆汁再精磨，过200目筛分离浆渣。

④调配与均质　按口味加少许白砂糖后加热到80℃，5min后冷却至70℃，两次高压均质，20~30MPa。

⑤灌装与杀菌　浆料趁热灌装，121℃，20min灭菌。

2. 椰子汁饮料的加工

(1) 仪器设备

天平、电磁炉、烘箱、食品加工器、目筛、均质机、杀菌釜、不锈钢刀、烧杯等玻璃器皿。

(2) 材料和试剂

椰子，白砂糖、乳化剂、稳定剂、鲜奶。

(3) 工艺流程

椰子→去皮、破壳→刨肉→浸泡磨浆→过滤→调配→高温杀菌→均质→罐装→压盖→二次杀菌→检验→成品

(4)操作步骤

①原料处理 选用成熟的椰子,将椰子洗净后,沿中部剖开,椰子汁收集后做其他用途或加工成椰子汁饮料,用刨子取出果肉,可直接压榨取汁,也可以先把椰丝放入70~80℃的热风干燥机中烘干,贮存备用。

②取汁 新鲜果肉用破碎机打碎,加入适量的水,再用螺旋榨汁机取汁,如果用干椰丝为原料,可按椰丝:水=1:10,将椰丝与70℃热水搅拌均匀,再用磨浆机磨浆,椰肉乳液经200目过滤备用。

③调配 椰子乳中加入7%~9%的白砂糖、0.10%~0.25%的乳化剂和增稠剂、乳制品适量,搅拌均匀。

④均质 均质压力23~30MPa,物料温度80℃左右,两次均质。

⑤杀菌 包装好的椰子乳需进行高温瞬时杀菌,常用的杀菌方法为,升温8~10min,使杀菌锅温度提高到121℃,保持20~25min,然后反压冷却至50℃后出锅。

3. 杏仁乳(露)饮料的加工

(1)仪器设备

天平、电磁炉、烘箱、食品加工器、离心机、目筛、均质机、杀菌釜、pH调节剂、烧杯等玻璃器皿。

(2)材料和试剂

杏仁,过氧乙酸、白砂糖。

(3)工艺流程

去皮、脱苦→消毒清洗→磨浆→过滤→调配→真空脱臭→均质→包装、杀菌→成品

(4)操作步骤

①去皮、脱苦 先将杏仁放入90~95℃的水中浸3~5min,使杏仁皮软化。将杏仁脱皮后放入50℃左右的水中浸泡。每天换1~2次水,浸泡5~6天后捞出待用。

②消毒清洗 用0.35%的过氧乙酸浸泡杏仁进行消毒,大约10min后捞出,用水洗净。

③磨浆 一般分两步完成。第一步用磨浆机粗磨,加水量为配料水量的50%~70%,一次加足;第二步用胶体磨细磨,使组织内蛋白质和油脂充分析出。

④过滤 可用筛布过滤分离浆渣。

⑤调配 将配料溶于温水与分离汁液混合均匀,调节pH在7左右,加热至沸,除去液面泡沫。

⑥真空脱臭 将加热的杏仁饮料于高温下喷入真空罐中,部分水分瞬间蒸发,同时带出挥发性的不良风味成分,一般操作控制真空度在26.6~39.9kPa为佳。

⑦均质 在生产中采用两次均质,第一次均质压力为20~25MPa,第二次均质压力为25~36MPa,均质温度75~80℃,均质后的杏仁液粒度要求达到≤3μm左右。

⑧包装、杀菌　将饮料包装于易拉罐、玻璃瓶或复合蒸煮袋中，121℃保温20min左右进行杀菌。

巩固训练

1. 训练要求
(1) 以小组为单位开展训练，组内成员要分工合作、相互配合完成训练任务。
(2) 查找文献资料要全面，试验方案要准确。
(3) 通过训练总结植物蛋白饮料的加工要点。

2. 训练内容
(1) 根据花生乳加工的工艺流程：花生仁拣选→灭酶→软化→脱红衣→磨浆→分离→精磨→调配→煮浆→均质→充填→灭菌→冷却→包装→成品，写出花生乳加工的工艺要点。
(2) 原料和试剂的采购。
(3) 制作花生乳。

3. 成果
小组合作完花生乳的成品一份。

知识拓展

1. 植物蛋白饮料的稳定性

植物蛋白饮料是以水为分散介质，以蛋白质和脂肪为主要分散相的复杂胶体悬浮体系，是水包油型(O/W)乳状液。蛋白饮料质量的共同问题是乳化稳定性，在植物蛋白饮料生产、存储、流通的过程中常常出现絮凝、分层、沉淀问题。影响植物蛋白饮料稳定性的因素很多，主要有蛋白质浓度、粒子大小、pH、电解质、温度等。

(1) 蛋白质浓度对稳定性的影响

在蛋白饮料乳状液体系中，存在蛋白质和脂肪两种微粒。在一定条件下，蛋白质与蛋白质相互作用，发生絮凝和沉淀；而蛋白质和脂肪相互作用，有利于乳状液的稳定。这两种作用都与蛋白质浓度有一定关系。对于蛋白质与蛋白质的相互作用而言，应该选择较稀的蛋白质浓度，有利于防止蛋白质相互作用而发生絮凝作用。对于蛋白质和脂肪的相互作用而言，蛋白质是大分子乳化剂。通常在蛋白质乳化的水包油型体系中，蛋白质浓度应该在0.5%~5%之间。在实际生产中，经多次选择试验，可以确定蛋白质浓度。

(2) 粒度对稳定性的影响

蛋白饮料在生产中尽管经过过滤，但其中仍含有微量的细胞碎片，脂肪球粒和蛋白质粒也较大，容易分层。要使饮料稳定，可以采用均质的方式使颗粒直径变小。

(3) pH 对稳定性的影响

溶液的 pH 对蛋白质稳定性有显著影响。当溶液的 pH 等于蛋白质的等电点时，整个蛋白质呈电中性，蛋白质的溶解度最小，蛋白质易沉降。溶液的 pH 偏离等电点越远，蛋白质的溶解度就越大，溶液就越稳定。不同的植物蛋白，其等电点各不相同，植物蛋白的等电点大多在 4~6 之间。例如，大豆蛋白的等电点为 4.5 左右，核桃蛋白的等电点为 5.0 左右。为了保证植物蛋白饮料的稳定性，应该使溶液的 pH 远离该植物蛋白的等电点。在植物蛋白饮料实际生产过程中，常用 pH 调节剂，如碳酸氢钠、磷酸盐等碱性调节剂和柠檬酸、苹果酸等酸性调节剂来调节溶液的 pH。

(4) 电解质对稳定性的影响

植物蛋白主要有球蛋白、谷蛋白、醇溶蛋白和清蛋白。前 3 种蛋白不溶于水，但都能溶于稀酸稀碱，属于盐溶性蛋白。植物蛋白在氯化钠和氯化钾等一价盐溶液中的溶解度大，而在氯化钙、硫酸镁等二价盐溶液中溶解度较小。这是因为钙离子、镁离子使离子态的蛋白质粒子间通过桥联作用而形成较大的胶团，从而增加了蛋白质沉淀的趋势，降低了蛋白质的溶解度。在实际生产中为了防止钙离子、镁离子等二价金属离子和其他多价金属离子电解质对植物蛋白饮料稳定性的影响，常添加柠檬酸盐和磷酸盐，与饮料中游离的钙离子和镁离子结合，降低其有效浓度。

(5) 温度对稳定性的影响

温度对蛋白饮料稳定性的影响主要表现在对蛋白质变性作用的影响。低温和高温都能导致这种变性。

(6) 微生物对稳定性的影响

蛋白饮料被微生物分解而产生沉淀败坏是蛋白饮料腐败变质的主要原因。植物蛋白饮料的水分含量一般在 85% 以上，大部分饮料 pH 在 7 左右，属于低酸性食品，非常适合细菌的生长繁殖。因此，为了蛋白饮料能长期保藏，必须采用高温杀菌法，如果杀菌不足，有细菌残留，在适当温度下，就可能生长繁殖，引起饮料败坏。

2. 植物蛋白饮料的 HACCP 计划表

根据产品的特点，对生产工艺流程图、产品特性、预期用途进行危害识别和可接受水平进行确定。根据危害分析，确定植物蛋白饮料的关键控制点为原料验收、原料去皮处理、料液升温、灌装封盖、杀菌釜杀菌 5 个关键控制点。并对监控程序、纠正措施、验证措施的记录等进行分析，制作植物蛋白饮料 HACCP 分析表(表 4-1)。

表 4-1 植物蛋白饮料的 HACCP 分析表

(1)关键控制点(CCP)	(2)显著危害	(3)每个预防措施的关键限制	CCP 监控程序					(8)纠正措施	(9)验证措施	(10)记录
			(4)监控什么	(5)怎么监控	(6)监控频率	(7)谁来监控			
果仁等原辅料的验收 CCP$_1$	农药、重金属残留	农药、重金属残留符合国家标准,无禁用药皮非法添加剂	检验报告单	检查确认	每年	原料检验员	拒收不合格的原料	1. 复核原料厂家提供的原料外检报告；2. 每年评估对供应商供货情况；3. 对原料进行检验	1. 原辅料检验记录；2. 原辅料供应商提供的残留达标、无禁用药证明；3. 供应商评估表
核桃仁去皮 CCP$_2$	氢氧化钠残留	CL 值：冲洗水 pH≤8.5	冲洗水 pH	pH 计检测冲洗水 pH	每处理一锅	操作工	再重新冲洗至 pH 合格	过程品监控员	核桃仁去皮操作记录
调配温度 CCP$_3$	微生物污染	CL 值：≥77℃	配料液温度	观察仪表显示温度	连续监控每小时检查记录一次实际温度	操作工品监控员	1. 温度出现偏差时立即通知操作工进行调整；2. 立即通知检查，找出偏差原因防止再发生	1. 每天复查控制记录；2. 定期对调配升温系统进行检查维护；3. 每季度对温度计进行一次校准	1. 过程控制记录；2. 纠偏行动记录；3. 设备检修记录；4. 计量器具校准(比对)记录
灌装、封口 CCP$_4$	微生物污染	CL 值：叠接率≥50% 紧密度≥60% 完整率≥50%	叠接率、紧密度和完整率	开机时检查三率,每小时由操作工检查一次	每小时	操作工品监控员	三率不在规定范围应立即停机进行调整	1. 调整好后对三率进行检测；2. 每批产品按标准进行检验	1. 生产过程记录；2. 灌装机记录表
杀菌釜灭菌 CCP$_5$	微生物残留	CL 值：灭菌温度≥121℃,时间≥30min	灭菌温度、灭菌时间	仪表显示	每锅	操作工	1. 隔离杀菌时间温度出现异常的产品；2. 对出现偏差的进行评估,必要时重新杀菌；3. 立即检修找出偏差原因,防止再次发生	1. 每天复查每锅杀菌记录；2. 每季度对温度计进行一次校准或比对；3. 定期对设备进行检修维护	1. 杀菌釜操作记录；2. 过程控制记录；3. 计量器具校准记录；4. 设备点检表；5. 微生物检验记录

(资料来源：王欣、李小龙、孟兆祥等，2011)

自主学习资源库

(1) 食品伙伴网 http://www.foodmate.net.
(2) 中国饮料工业协会 http://www.chinadrink.net.
(3) 食品加工技术. 陈月英. 中国农业大学出版社, 2009.
(4) 软饮料工艺学. 蒋和体, 吴永娴. 中国农业科学技术出版社, 2011.
(5) 软饮料加工技术. 田海娟. 化学工业出版社, 2009.
(6) 蛋白饮料生产技术手册. 卢晓黎, 李洲. 化学工业出版社, 2015.

任务 4.3 果蔬汁饮料加工

我国地域辽阔，广大林区、山区蕴藏着大量的野生浆果资源，森林果蔬汁饮料色泽艳丽、香味馥郁、甜酸适度、清鲜爽口，营养丰富，森林果蔬汁饮料的加工技能是森林食品加工的重要组成部分。本任务主要学习森林果蔬汁饮料概念及类型、果蔬汁饮料加工技术等。

知识准备

4.3.1 果蔬汁饮料的工艺介绍

(1) 定义

以新鲜果品和蔬菜为原料，经挑选、分级、洗涤、取汁、再过滤、装瓶、杀菌等工序制成的汁液为果蔬汁，也称为"液体水果或蔬菜"。果蔬汁包括果汁和蔬菜汁。以果蔬汁为基料，添加糖、酸、香料和水等调配而成的汁液称为果蔬汁饮料。根据果蔬不同的pH可将其划分为酸性和低酸性两类。酸性果蔬的pH小于4.6，绝大多数水果均为此类；低酸性果蔬的pH大于4.6，多数蔬菜均为此类。

(2) 原料的选择与洗涤

①原料的质量要求 选择优质的制汁原料是果汁生产的重要环节，制汁原料一般要求为：具有浓郁的风味和芳香，色泽稳定；汁液丰富，取汁容易；原料新鲜。

②原料的洗涤 须将果实进行充分洗涤，对于农药残余量较多的果实，可以采用稀酸溶液或洗涤剂清洗后再用清水洗净。

(3) 取汁

含果汁丰富的果实，大多采用压榨法来提取果汁，含汁液较少的果实可以采用浸提的方式。为了提高出汁率，取汁前通常要进行破碎、加热、加酶等预处理。

①破碎 除了柑橘类果汁和带果肉果汁外，一般榨汁生产常包括破碎工序，以提高原料的出汁率。同时，由于在破碎的过程中，某些水果，如苹果中的多酚类物质会

由于多酚氧化酶的作用，发生褐变，因此在破碎时，常常添加抗坏血酸溶液，防止和减少氧化作用的发生。果蔬破碎可以采用机械破碎方式，使用磨碎机、锤碎机和打浆机等；还可以采用高温破碎工艺；也可以采用冷冻破碎工艺，缓慢地冷冻果蔬原料至-5℃以下，这时果蔬原料出现大量冰晶体，冰晶体的膨胀使果蔬细胞壁受到机械伤害而破裂，从而可提高原料的出汁率。

②加热处理　由于在破碎过程中和破碎以后，果蔬中的酶被释放，活性增加，特别是被释放的多酚氧化酶，会引起果蔬汁色泽的变化，对果蔬汁加工极为不利，加热可以抑制酶的活性；同时，加热还能使果肉组织软化，有利于果蔬中可溶性固形物、色泽和风味物质的提取；适度加热还可以降低汁液的黏度，从而提高出汁率。一般的加热处理条件为60~70℃，15~30min；也可以采用85~90℃，1~2min。

③加果胶酶制剂处理　果胶酶可以有效地分解果肉组织中的果胶物质，使果汁黏度降低，容易榨汁过滤，提高出汁率。

④榨汁　是果蔬生产的关键环节之一，通过一定的压力取得果蔬中的汁液。榨汁可以采用冷榨、热榨甚至冷冻压榨等方式，如制造浆果类果汁为了获得更好的色泽可以采用热榨，60~70℃压榨使更多的色素溶解在汁液中。

⑤浸提　像山楂、梅子等含水量少，难以用压榨法取汁的果蔬原料，需要用浸提法取汁。浸提效果具体表现在出汁量和汁液中可溶性固形物的含量。浸提率为单位质量的果蔬原料被浸出的可溶性固形物的量与单位质量果蔬原料中所含可溶性固形物的比值。例如，山楂浸提时的果水质量比一般以1∶2.0为宜，浸提温度70~75℃，时间6~8h，一次浸提后，浸汁的可溶性固形物可达4.5%~6%。

⑥打浆　在果蔬汁的加工中这种方法适用于果蔬浆和果肉饮料的生产。果蔬原料中果胶含量较高、汁液黏稠、汁液含量低，压榨难以取汁，或者因为通过压榨取得的果汁风味比较淡，需要采用打浆法，果肉饮料都是采用这种方法，如草莓汁、芒果汁、桃汁等。果蔬原料经过破碎后需要立即在预煮机进行预煮，钝化果蔬中酶的活性，防止褐变，然后进行打浆，生产中一般采用三道打浆，筛网孔径的大小依次为1.2mm、0.8mm、0.5mm，经过打浆后果肉颗粒变小有利于均质处理。

（4）澄清

对于生产澄清果汁，要对果汁进行澄清和过滤，不仅要除去果汁中全部的悬浮物，而且还要除去容易产生沉淀的胶粒。果蔬汁中常用的澄清方法有：

①自然沉降澄清法　将果汁经过长时间的静置，从而使悬浮物沉淀。

②加热凝聚澄清法　果汁中的胶体物质受到热的作用会发生凝聚形成沉淀。常常将果蔬汁在80~90s内，加热至80~82℃，并保持1~2min，然后以同样短的时间冷却至室温。

③明胶单宁澄清法　可以向果汁里加入一定的单宁和蛋白质，通常加入单宁和明胶。单宁和明胶可以形成明胶单宁酸盐络合物，随着络合物的沉淀，果汁中的悬浮物被缠绕而随之沉淀。

④冷冻澄清法　冷冻可以改变胶体的性质，将果蔬汁置于-4~-1℃的条件下冷冻3~4天，在恢复常温时会形成沉淀。

⑤蜂蜜澄清法　蜂蜜可以作为各种果汁、果酒澄清剂。

⑥酶法澄清　加酶澄清法是指利用果胶酶水解果汁中的果胶物质，使果汁中其他物质失去果胶的保护作用而共同沉淀，达到澄清的目的。现在的商品果胶酶制剂是成分复杂的复合酶制剂，其中大多包括了聚半乳糖醛酸酶(PG)和果胶甲基酯酶(PME)，有的还有果胶裂解酶(PL)等。

(5) 均质

均质是混浊果蔬汁的特有工序，其目的是使混浊汁中的不同粒度和相同密度的果肉颗粒进一步破碎并均匀，促进果胶渗出，增加果汁与果胶的亲和力，抑制分层沉淀，保持均一稳定。

(6) 脱气

脱气主要是为了脱除果汁中的氧气。果汁中由于氧气的存在会导致以下问题：果汁中的某些成分氧化变质，色泽和风味发生变化；好气性细菌繁殖；杀菌或装填时发生气泡；气体吸附在果粒表面，使果肉浆上浮；马口铁皮内壁腐蚀。然而，脱气过程可能造成挥发性芳香物质的损失。果蔬汁的脱氧方法有真空法、氮气交换法和酶法。

(7) 果蔬汁调配

果蔬汁的调整与混合，俗称调配。其根据果蔬汁产品的类型和要求并不完全一致。调配的基本原则是：一方面要实现产品的标准化，使不同批次产品保持、一致性；另一方面是为了提高果蔬汁产品的风味、色泽、口感、营养和稳定性等，力求各方面能达到很好的效果。100%的果蔬汁在生产过程中不添加其他物质，大多数水果都能生产较为理想的果汁，具有合适的糖酸比，有好的风味与色泽，一般大部分果汁的糖酸比为13∶1~15∶1。但是有一些100%的果蔬汁由于太酸或风味太强或色泽太浅、口感不好、外观差，因此不适宜于直接饮用，需要与其他一些果蔬汁复合，而许多蔬菜汁由于没有水果特有的芳香味，而且经过热处理易产生煮熟味，风味不为消费者接受，更需要调整或复合。可以利用不同种类或不同品种果蔬的各自优势，进行复配。100%果蔬汁饮料的调整，除了进行不同果蔬和不同品种之间的调整外，由于加工过程中添加了大量的水分，果蔬汁原有的香气变淡、色泽变浅、糖酸都降低，需要通过添加香精、糖、酸甚至色素来进行弥补，使产品的色香味达到理想的效果。

(8) 浓缩

果汁经过浓缩后可以节约包装和运输费用，同时浓缩后的果汁提高了糖度和酸度，所以在不加任何防腐剂的情况下也能使产品长期保存。清汁一般浓缩到1/5~1/7，糖度为70白利度左右。有真空浓缩、冷冻浓缩等方法。

(9) 杀菌与包装

目前随着杀菌技术的开发，生产中广泛采用高温短时杀菌(HTST)和超高温杀菌(UHT)。对于pH<3.7的高酸性果汁采用高温短时杀菌方法，一般温度为95℃，时间

为15~20s。而对于pH>3.7的果蔬汁，广泛采用超高温杀菌方法，杀菌温度为120~130℃，时间为3~6s。

果蔬汁及其饮料的包装容器经历了玻璃瓶→易拉罐→纸包装→塑料瓶的发展过程。目前市场上直饮型果蔬汁及其饮料的包装基本上是上述4种形式并存。

(10)芳香物质的回收

果蔬汁中芳香物质的成分大多数为醇类、醚类和酯类等易挥发性物质，在浓缩过程中会挥发而损失，造成制品风味平淡。浓缩过程中一般要进行芳香物质的回收，回收后直接加回到浓缩果蔬汁中或作为果蔬汁饮料用香精。

4.3.2 果蔬汁生产常见质量问题

(1)果蔬汁的混浊沉淀与分层

①澄清果蔬汁的混浊沉淀　主要原因是：加工过程中杀菌不彻底或杀菌后微生物再污染，由于微生物活动并产生多种代谢产物，而导致混浊沉淀；果蔬汁中的悬浮颗粒以及易沉淀的物质未充分除去，在杀菌后储存期间会继续沉淀；加工用水没有达到软饮料用水标准，也会带来沉淀和混浊；金属离子与果蔬汁中的有关物质发生反应产生沉淀；调配时糖或其他辅料质量差，含有一些杂质，也会导致沉淀；香精、色素等水溶性低或用量过大，也会从果蔬汁中分离出来而沉淀。

经常采用的措施主要有以下几种：采用成熟而新鲜的原料，多酚类化合物的含量与原料的新鲜度和成熟度有关。未成熟的原料多酚类物质含量高，受到外源性损伤的原料多酚类化合物也会成倍地增加；保证生产的卫生条件，原料、设备及生产环境的卫生条件不好，可能会引起一些微生物的生长代谢，从而引起果蔬汁的混浊；适量使用澄清剂；采用合理的制汁工艺；压榨时采用较为轻柔的方法，尽管这样会降低原料的出汁率，但同时也可以降低引起后混浊物质的含量，尤其是阿拉伯聚糖，存在于细胞壁中，当出汁率达到一定程度时(90%)，阿拉伯聚糖会从细胞壁中溶出而进入汁液中，存储数周后会出现阿拉伯聚糖沉淀，引起后混浊。

②混浊果蔬汁的沉淀和分层　混浊果蔬汁分层是由于体系黏度低，果肉颗粒不能抵消自身的重力而下沉而引起的。果汁饮料中最常用的悬浮稳定剂有：羧甲基纤维素钠(CMC)、藻酸丙二醇酯(PGA)、黄原胶、果胶、瓜尔豆胶、琼脂，以及近年来崭露头角的结冷胶。在胶体的使用方面，一般采用复配胶比用单一胶的效果好，能够充分发挥不同胶体的协同增效作用。

(2)果蔬汁营养成分的变化

果蔬在加工生产过程中，其中所含的营养成分均会受到不同程度的损失。这种损失受果蔬品种以及生产技术和设备水平的影响，其中较为突出的是抗坏血酸的损失。抗坏血酸在pH>4时氧化速度开始加快，pH越高，氧化速度越快，所以在生产果蔬汁时可以根据果蔬汁的酸度调整pH，使之适应于抗坏血酸的稳定存在。在果蔬汁加工和储藏过程中都应该保持在温度较低的环境下，对饮料的灭菌一般采用高温短时灭菌法。

(3)果蔬汁色泽的变化

①叶绿素的改变　叶绿素存在于很多绿色果蔬中，果蔬汁进行加热处理时，叶绿体中的蛋白变性释放出叶绿素，同时细胞中的有机酸也释放出来，促使叶绿素脱镁而成为脱镁叶绿素。同样，在果蔬汁中加酸，也会使叶绿素脱镁形成脱镁叶绿素，而使果蔬汁颜色发生变化。叶绿素在常温弱碱环境中稳定，在碱液中加热则分解，分解后呈鲜绿色而且较稳定。所以在生产中，可以将清洗后的绿色蔬菜在稀碱液中浸泡一段时间，使叶绿素水解为叶绿酸盐等产物，使绿色更为鲜亮。

②金属离子引起的改变　若用铜离子或锌离子取代卟啉环中的镁离子，使叶绿素变成叶绿素盐，可以形成稳定的绿色。

③类胡萝卜素的改变　类胡萝卜素为脂溶性色素，比较稳定。但光敏氧化作用极易使其褪色。因此，含类胡萝卜素的果蔬汁饮料必须采用避光包装储存。

④酶促褐变引起的变色　可以通过加入有机酸、隔绝氧气、使用抗氧化剂等方法抑制。

⑤非酶褐变引起的变色　果汁发生美拉德反应、抗坏血酸氧化以及脱镁叶绿素引起褐变等。为了抑制或减轻非酶褐变，注意将产品低温保藏，选用非还原糖类作为甜味剂，另外避免与金属离子的接触。

任务实施

1. 山楂浓缩汁的加工技术

(1)仪器设备

天平、电磁炉、离心机、过滤器、不锈钢刀、烧杯等玻璃器皿。

(2)材料和试剂

山楂，果胶酶。

图4-1　新鲜的山楂果（纪颖 摄）

(3)工艺流程

山楂果→清洗→挑选→冲洗→破碎→加热软化→浸提→澄清→分离→过滤→原料山楂清汁→浓缩→成品

(4)制作步骤

①准备原料　用于提汁的山楂果应是充分成熟、色泽红艳的新鲜果实（图4-1）。果实大小不限，但要尽可能剔除病虫及腐烂的不合格果实。

②原料的清洗与破碎　用流动的净水将山楂果洗涤干净，并经过挑选，以除去其中的草、叶等杂物，剔除不合格的山楂果。为了加速山楂汁的提

取,提高出汁率,常将山楂果压裂,压裂可以使用辊式破碎机,调节两辊轮之间的距离,使果实被压成扁平状而不破碎。如果山楂果实大小不一,在加工量大时,最好于破碎前对果实进行大小分级,否则会使破碎程度不均,影响出汁率;或者压破大果的果核,使核中的不良成分进入浸汁中影响汁的风味。也可以不用机械方法压裂,例如,利用浸提水与山楂果的温差,使山楂果表皮破裂,使果实中的可溶性固形物加速向浸提水中扩散。

③软化与酶处理　山楂果实中的液汁较少,果胶含量高,使液汁胶黏,加之果核占整果重量的15%~20%,山楂果肉质地紧密,直接用压榨法很难提取山楂汁,在浸提山楂汁前需要进行预处理,生产中常用以下两种方法:加热软化和酶处理。

④山楂汁的提取　水浸提法是从山楂中提取可溶性固形物最普遍使用的方法。将凝胶搅碎,用压榨机压榨,就可获得浓度稍高的山楂汁。

⑤山楂汁的澄清　山楂浸汁必须经过离心分离达到澄清。

⑥过滤　山楂汁经过澄清处理后,还必须进行过滤操作,以进一步分离山楂汁中的沉淀物和悬浮物,使山楂汁清澈透明。

⑦浓缩　可以用真空浓缩法或加热浓缩。

2. 西番莲果汁的加工

(1) 仪器设备

天平、电磁炉、离心机、过滤器、均质机、杀菌釜、不锈钢刀、烧杯等玻璃器皿。

(2) 材料和试剂

西番莲,高锰酸钾、增稠剂、白砂糖。

(3) 工艺流程

西番莲果(图4-2)→选果→洗果→切开→挖取果肉→捣碎取汁→过滤→调配→均质→脱气→一次杀菌→灌装→封口→二次杀菌→冷却→成品

(4) 操作步骤

①选果　剔除生、干、病害及腐烂果。

②洗果　以流动水或0.01%~0.05%的高锰酸钾溶液浸洗5~10min,用清水冲洗干净。

③捣碎取汁　采用人工方法把果实切开,用不锈钢勺挖取浆状果肉,置于捣碎机中搅拌打浆。

④过滤　先以双层纱布滤去种子和部分果肉纤维,再通过80目滤网细滤。

⑤调配　将增稠剂按配比拌入白砂糖中,加水加热溶解,配成70%以上的浓糖液,然后用80目滤网过滤,再配以过滤好的原浆和其他辅料,用水定容、调整。

图4-2　新鲜的西番莲果(纪颖 摄)

⑥均质　均质压力18~20MPa。
⑦脱气　在真空度0.079~0.092MPa下进行脱气。
⑧一次杀菌　采用高温瞬时杀菌，糖浆果汁中心温度95℃，保持30s，然后迅速降温到70℃左右。
⑨灌装　先将瓶、盖置于95℃以上热水中迅速转动消毒，或以0.05%高锰酸钾溶液消毒，用水漂洗干净，再用无菌水冲洗。灌装时料温应保持在65~70℃，灌装完毕立即封口。
⑩二次杀菌　防止糖浆果汁在灌装、封口等过程中可能受污染而腐败，应进行二次杀菌。

巩固训练

1. 训练要求
(1) 以小组为单位开展训练，组内成员要分工合作、相互配合完成训练任务。
(2) 查找文献资料要全面，试验方案要准确。
(3) 通过训练总结森林果蔬汁饮料的加工要点。

2. 训练内容
(1) 根据野香橼果汁饮料加工的工艺流程：原料→选别→洗涤→果皮磨油→热烫→酸碱处理→漂洗→榨汁→过滤→均质、脱气→杀菌→成品，写出野香橼果汁饮料加工的工艺要点。
(2) 原料和试剂的采购。
(3) 制作野香橼果汁饮料。

3. 成果
小组合作完野香橼果汁饮料的成品一份。

知识拓展

1. 果蔬采后生理
(1) 呼吸作用
①有氧呼吸　是呼吸的主要方式，是从空气中吸收氧，将糖类和其他物质氧化，分解成二氧化碳和水，并释放能量。
$$C_6H_{12}O_6 + 6O_2 \longrightarrow 6CO_2 + 6H_2O + 1544kJ$$
②无氧呼吸　活体细胞在无氧条件下，把某些有机物分解成不彻底的氧化产物，同时释放能量。微生物学上称为发酵。
$$C_6H_{12}O_6 \longrightarrow 2C_2H_5OH + 2CO_2 + 87.9kJ$$

(2) 水分蒸腾

①水分在果蔬体内的作用　使产品呈现坚挺、脆嫩的状态；使产品具有光泽；使产品具有一定的硬度和紧实度；从内部角度上说，水分参与代谢过程；水分是细胞中许多反应发生的媒介，热容量大，防止体温剧烈变化。

②水分蒸腾对产品的影响　破坏产品正常代谢；降低产品的抗病性；失重——自然损耗，包括水分和干物质的损失；失鲜——产品质量的损失，表面光泽消失，形态萎蔫，失去外观饱满、新鲜和脆嫩的质地，甚至失去商品价值。

(3) 采后的休眠

植物在生长发育过程中遇到不良的条件时(高温、干燥、严寒等)，为了保持生存能力，有的器官会暂时停止生长，这种现象称作休眠。

(4) 后熟

大多瓜果具有后熟作用。瓜果的后熟作用是指瓜果、蔬菜类食物脱离母株以后继续成熟的现象。并且，经过后熟过程，能改变瓜果的色、香、味，使口感更加甘美香甜。不过，不是所有的瓜果都具有后熟作用。如西瓜、葡萄、柑橘、黄瓜、草莓等，都不具有后熟作用。

自主学习资源库

(1) 食品伙伴网 http://www.foodmate.net.
(2) 中国食品饮料网 http://www.chinadrink.net.
(3) 中国果蔬网 http://www.china-guoshu.com.
(4) 软饮料工艺学. 蒋和体, 吴永娴. 中国农业科学技术出版社, 2011.
(5) 软饮料加工技术. 田海娟. 化学工业出版社, 2009.

项目5　森林食品腌制

学习目标

>> **知识目标**

(1) 熟悉腌制加工的基本工艺。
(2) 理解食品腌制保藏的基本原理。
(3) 掌握果脯蜜饯的概念和分类。
(4) 理解森林果脯加工的基本工艺流程及工艺要求。
(5) 熟知腌渍类森林食品的特点和类型。
(6) 理解腌渍森林食品的加工步骤。

>> **技能目标**

(1) 会使用糖渍和盐腌的常用方法。
(2) 会熟练把控腌制品的质量品质。
(3) 能熟练控制果脯加工过程的反砂、褐变等问题。
(4) 能控制好腌渍过程蔬菜的品质。
(5) 会独立设计特色森林果脯加工工艺。
(6) 会独立设计森林野菜腌制加工工艺。

任务 5.1　分析腌藏工艺

腌制是早期保藏的一种非常有效的方法。现今，已从简单的保存手段变成独特风味产品的加工技术。在食品加工时加入食糖、食盐、食醋，制成的食品称为腌渍品，是森林食品的重要组成部分，腌制保藏有盐腌和糖渍两种。本任务主要学习腌制加工技术的基本原理以及盐腌、糖渍方法。

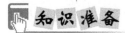

5.1.1 食品腌制的基本原理

利用食盐、食糖渗透进入食品组织内，提高渗透压，降低水分活度，抑制腐败菌的生长（质壁分离），这种保藏方法叫腌制保藏。

腌制时，腌制剂溶于水形成腌制液，其中盐、糖为溶质，水为溶剂形成单一或混合溶液。

(1) 溶液的扩散

由于微粒的热运动而产生的物质迁移现象，即为分子不规则热力运动下固体、液体或气体浓度均匀化的过程。

扩散通量：单位面积单位时间内扩散传递的物质量。食品的腌渍过程，实际上是腌渍液向食品组织内扩散的过程。

扩散的推动力——浓度差：扩散总是从高浓度处向低浓度处转移，并将继续至各处浓度均等时才停止。

(2) 渗透

渗透就是溶剂从低浓度溶液经过半渗透膜向高浓度溶液扩散的过程。溶液浓度高于细胞内容物浓度的溶液称为高渗溶液，这时细胞内水分向细胞外渗透，发生原生质紧缩，出现质壁分离，使微生物生长活动受到抑制，这就是腌制保藏的机理。食品腌渍过程中，食品内外溶液浓度借渗透逐渐趋向平衡，食品外面溶液和食品细胞内部溶液的浓度通过溶质扩散达到均衡化。

5.1.2 食盐与食品保藏

(1) 食盐对微生物细胞的影响

①食盐溶液对微生物细胞的脱水作用 如果溶液浓度低于细胞内可溶性物质，水分就会从低浓度向高浓度渗透，细胞就会吸水增大，最初会出现原生质紧贴在细胞壁上，呈膨胀状态，这种现象称为肿胀。如果溶液浓度高于细胞内可溶性物质，水分就不再向细胞内渗透，而周围介质的吸水力却大于细胞，原生质内的水分将向细胞间隙内转移，于是原生质紧缩，这种现象称为质壁分离。质壁分离的结果是微生物停止生长活动。

②离子水化的影响 NaCl溶解于水后就会离解，并在每一离子的周围聚集着一群水分子。水化离子周围的水分子聚集量占总水分量的百分率随着盐分浓度的提高而增加。微生物在饱和食盐溶液中不能生长，一般认为这是由于微生物得不到自由水分的缘故。

③食盐溶液对微生物产生生理毒害作用 微生物对钠很敏感，少量Na^+对微生物有刺激作用，当达到足够高的浓度时，Na^+能和细胞原生质中的阴离子结合，因而对微生

物产生毒害作用。另外，NaCl解离时放出的Cl^-会和细胞原生质结合，从而促使细胞死亡。

④对酶活力的影响　微生物产生的酶活性常在低浓度盐液中遭到破坏，这是因为盐分和酶蛋白分子中肽键结合后破坏了其分解蛋白质的能力。

⑤盐液中缺氧的影响　由于氧很难溶解于盐水中，因此就形成了缺氧的环境，在这样的环境中，需氧菌很难生长。

(2) 盐液浓度和微生物的关系

一般情况下，盐液浓度在1%以下时，微生物生长不会受到任何影响；当盐液浓度在1%~3%时，大多数微生物就会受到暂时性抑制；当盐液浓度在10%~15%时，大多数微生物就完全停止生长。不过，有些微生物在20%盐液中尚能保持生命力。

5.1.3　糖与食品保藏

(1) 高浓度糖液是微生物的脱水剂

糖溶液具有一定的渗透压，糖液的浓度越高，渗透压越大。高浓度糖液具有强大的渗透压，能使微生物细胞脱水收缩，发生生理干燥而无法活动。蔗糖浓度要达到50%才具有脱水作用而抑制微生物活动。对于霉菌和酵母菌，糖浓度要提高到72.5%以上才能抑制其生长。

(2) 高浓度糖液降低制品水分活度

当原料加工成糖制品后，食品中的可溶性固形物增加，游离水含量减少，微生物就会受到抑制。

(3) 高浓度糖液具有抗氧化作用

糖液的抗氧化作用是糖制品得以保存的另一个原因。其主要由于氧在糖液中溶解度小于在水中的溶解度，糖浓度越高，氧的溶解度越低。例如，浓度为60%的蔗糖溶液，在20℃时，氧的溶解度仅为纯水含氧量的1/6。由于糖液中氧含量下降，有利于抑制好氧菌的生长，也有利于制品的色泽、风味和维生素C的保存。

5.1.4　食品发酵保藏

(1) 发酵对食品品质的影响

①提高食品的耐藏性　发酵为人类提供了品种繁多的食品并改善人们的食欲。食品经过发酵后，由于一些食品的最终发酵产物，特别是酸和酒精，有利于阻止防腐变质菌的生长，同时还能抑制混杂在食品中的一般病原菌的生长活动。

②消耗或转化食品的部分能量　食品发酵时，微生物就会从它所发酵的成分中获得能源，因此，食品的成分就受到一定程度的氧化，以致食品中能提供人体消化时适用的能量有所减少。发酵时还会产生一些热量，使介质温度略有上升，从而相应提高对人体有用的能源。

③增加了食品的营养价值　能合成维生素和其他生长素；能将不易消化的植物结

构和细胞内的营养素释放出来；能将纤维素、半纤维素在酶的作用下形成单糖和糖的衍生物。

(2) 食品发酵的类型

①酒精发酵　酒精的发酵过程中，酵母菌进行的是厌气性发酵，进行着无氧呼吸，发生了复杂的生化反应。从发酵工艺来讲，既有发酵醪中的淀粉和糊精被糖化酶作用，水解生成糖类物质的反应；又有发酵醪中的蛋白质在蛋白酶的作用下，水解生成小分子的蛋白胨、肽和各种氨基酸的反应。这些水解产物，一部分被酵母细胞吸收合成菌体，另一部分则发酵生成了酒精和二氧化碳，还会产生副产物杂醇油、甘油等。

②乳酸发酵　指糖经无氧酵解而生成乳酸的发酵过程，和乙醇发酵同为生物体内两种主要的发酵形式。酿造生产中，大都不同程度地存在乳酸发酵过程。乳酸发酵对增进酿造调味品风味有一定帮助，酿酒中适当的乳酸发酵，能促进酒精发酵顺利进行，可以防止杂菌的污染。

③醋酸发酵　指乙醇在醋酸菌的作用下氧化成醋酸的过程。

5.1.5　食品盐腌方法

(1) 干盐法

①定义　干盐法(俗称干腌法)是用食盐或混合盐，先在食品表面擦透(即有汁液外渗现象)，而后层堆在腌制架上或腌制容器中，各层之间还应均匀地撒布食盐，各层依次压实，在外加压或不加压的条件下，依靠外渗汁液形成盐液进行腌制的方法。干盐法是一种缓慢的腌制过程，但腌制品的风味较好。我国名产火腿、咸肉、烟熏肋肉以及鱼等常采用此法腌制。各种蔬菜也常用干盐法。

②特点　所用的设备简单，操作方便，腌制品含水量低而利于储存，同时蛋白质和浸出物等食品营养成分流失较别的方法少；但是腌制不均匀、失重大、味太咸、色泽较差(若加硝酸钠色泽可以好转)。当盐卤不能完全浸没原料时，易引起蔬菜的生花(又称产膜，是指腌制蔬菜表面出现的白膜或白斑)和发霉等品质变化。

(2) 盐水法

①定义　盐水法(俗称湿腌法)即盐水腌制法，就是将食品原料浸没在盛有一定浓度的食盐溶液的容器中，利用溶液的扩散和渗透作用，使盐溶液均匀地渗透到原料组织内部。常用于腌制分割肉、肋部肉、鱼类、蔬菜以及果品中的橄榄、李子、梅子等凉果所用的胚料等。

②特点　食品原料完全浸没在浓度一致的盐溶液中，既能保证原料组织中的盐分均匀分布，又能避免原料接触空气出现氧化变质现象；但是用盐量多，易造成原料营养成分较多流失，并因制品含水量高，不利于储存；此外，盐水法需用容器设备多，工厂占地面积大。

(3) 注射法

①定义　注射法是一种改进的湿腌法，目前只用于肉类腌制，可加速食盐进入肉内部深处。

②特点　用盐水注射法可以缩短腌制时间(可由72h缩至8h)，提高生产效率，降

低生产成本，但是其成品质量不及干腌制品，风味略差。

（4）混合盐制法

混合盐制法是将干腌和湿腌相结合的腌制法，常用于鱼类。可先干腌而后放入容器内用盐水腌制。果蔬中的非发酵性腌制品同样采用的是混合腌制法，即先经过低盐腌制，然后脱盐或不脱盐，按照产品用料配比加入含有食用有机酸的汤液进行酸渍。注射腌制法常和干腌或湿腌结合进行，这也是混合腌制法，即盐液注射入鲜肉后，再按层擦盐，然后堆叠起来，或装入容器内进行湿腌，但盐水浓度应低于注射用的盐水浓度，以便肉类吸收水分。

5.1.6 食品糖渍方法

食品糖渍法按照产品的形态不同可分为两类：保持原料组织形态的糖渍法和破碎原料组织形态的糖渍法。

（1）保持原料组织形态的糖渍法

①定义 是指食品原料经过洗涤、去皮、去核、去心、切分、烫漂、浸硫或熏硫以及盐腌和保脆等预处理，但在加工中仍在一定程度上保持着原料的组织结构和形态。如果脯蜜饯和凉果类产品。

②分类 糖渍可分为蜜制和糖煮两种操作方法。蜜制即果品原料放入冷糖液浸渍，不需要加热处理，适用于肉质柔软而不耐糖煮的果品。蜜制产品的优点是冷糖液浸渍能够保持果品原有的色、香、味及完整的果形，产品中的维生素 C 损失较少。其缺点是产品含水量较高，不利于保藏。糖煮是将原料用热糖液煮制和浸渍的操作方法，多用于肉质致密的果品。其优点是生产周期短、应用范围广，但因经热处理，产品的色、香、味不及蜜制产品，而且维生素 C 损失较多。按照原料糖煮过程的不同，糖煮又分为常压糖煮和真空糖煮，其中常压糖煮可再分为一次煮成法和多次煮成法。

（2）破碎原料组织形态的糖渍法

采用这种糖渍法，食品原料组织形态被破碎，并利用果胶质的凝胶性质，加糖熬煮浓缩使之形成黏稠状或胶冻状的高糖高酸食品。产品可分为果酱、果冻、果泥 3 类，通称为果酱类食品。

任务实施

1. 一次糖煮法

（1）仪器设备

天平、电磁炉、手持糖度计、烧杯及量筒等玻璃器皿。

（2）材料和试剂

李子，白砂糖。

（3）操作步骤

①糖液配制 将白砂糖配制成 60% 的糖液。

②糖煮　将新鲜的李子浸没在已煮沸的60%的糖液中共煮，需在糖液沸腾时，分多次向锅内加入白砂糖，煮制时间约为2h，期间加白砂糖4~6次，直到糖液浓度达到65%时停止。

2. 多次糖煮法

（1）仪器设备

天平、电磁炉、手持糖度计、烧杯及量筒等玻璃器皿。

（2）材料和试剂

李子，白砂糖。

（3）操作步骤

①糖液配制　将白砂糖配制成40%、50%、60%、70%糖液。

②糖煮　先用40%的糖煮到李子稍软时，放冷糖渍24h。其后，分别用50%、60%、70%糖液煮制李子，每次煮沸2~3min，最后将其倒入冷缸中冷却，等温度降至65℃左右，捞出沥尽糖液。

3. 比较一次糖煮法与多次糖煮法的不同（表5-1）

表5-1　一次糖煮法与多次糖煮法对比表

糖煮方法	用糖量	所需时间	成品的糖度
一次糖煮法			
多次糖煮法			

巩固训练

1. 训练要求

（1）以小组为单位开展训练，组内成员要分工合作、相互配合完成训练任务。

（2）查找文献资料要全面，试验方案要准确。

（3）通过训练总结腌制的加工要点。

2. 训练内容

（1）根据冬瓜条加工的工艺流程：原料→去皮→硬化→烫漂→浸泡→糖渍→糖煮→干燥→包装→成品，写出冬瓜条加工的工艺要点。

（2）原料和试剂的采购。

（3）制作冬瓜条。

3. 成果

小组合作完冬瓜条的成品一份。

知识拓展

1. 烟熏概念

(1) 定义

烟熏主要用于鱼类、肉制品的加工中。腌制和烟熏在生产中常常是相继进行的，即腌肉通常需烟熏，烟熏肉必须预先腌制。

(2) 烟熏的目的

①形成特殊烟熏风味和增添花色品种。
②带有烟熏色并有助于发色。
③防止腐败变质。
④预防氧化。

(3) 熏烟组成

熏烟主要是不完全氧化产物包括挥发性成分和微粒固体，如碳粒等，以及水蒸气、CO_2等组成的混合物。在熏烟中对制品产生风味、发色作用及防腐效果的有关成分就是不完全氧化产物，人们从这种产物中已分离出200多种化合物，一般认为最重要的成分有酚、醇、有机酸、羰基化合物和烃类等。

①酚 从熏烟中分离并鉴定的酚类有20多种，都是酚的各种取代物，如愈疮木酚，邻位、间位、对位甲基酚或甲氧基取代物等。酚在烟熏制品中有3种作用：形成特有的烟熏味；抑菌防腐作用；抗氧化作用。

②醇 木材熏烟中醇的种类很多，有甲醇、乙醇及多碳醇。醇在烟熏制品中的作用，主要不是保藏作用，而是起到一种为其他有机物挥发创造条件的作用，也就是挥发性物质的载体。

③有机酸 在整个熏烟组成中存在有含1~10个碳的简单有机酸，熏烟蒸汽相内的有机酸含1~4碳，5~10碳的有机酸附在熏烟内的微粒上。有机酸有微弱的防腐能力。有机酸能促进肉烟熏时表面蛋白质凝固，使肠衣易剥除。

④羰基化合物 这类化合物有20多种，包括戊酮、戊醛、丁醛、丁酮等，一些短链的醛酮化合物，在气相内有非常典型的烟熏风味和芳香味。羰基化合物与肉中的蛋白质、氨基酸发生美拉德反应，产生烟熏色泽。

⑤烃类 主要指产生的多苯环烃类，其中至少有两类，即二苯并蒽和苯并芘，已被证实是致癌物质。

2. 烟熏主要方法

(1) 冷熏

制品周围熏烟和空气混合物气体的温度不超过22℃的烟熏过程称为冷熏。特点是时间长，需要4~7天，熏烟成分在制品中渗透较均匀且较深，冷熏时制品虽然干燥比较均匀，但程度较大，失重量大，有干缩现象，同时由于干缩提高了制品内盐含量和熏烟成分的聚集量，制品内脂肪熔化不显著或基本没有，冷熏制品耐藏性比其他烟熏法稳定，特别适用于烟熏生香肠。

(2) 热熏

制品周围熏烟和空气混合气体的温度超过22℃的烟熏过程称为热熏，常用的烟熏温度在35~50℃，因温度较高，一般烟熏时间短，为12~48h。在肉类制品或肠制品中，有时烟熏和加热蒸煮同时进行，因此生产烟熏熟制品时，常用60~110℃温度。热熏时因蛋白质凝固，以致制品表面很快形成干膜，妨碍了制品内部的水分渗出，延缓了干燥过程，也阻碍了熏烟成分向制品内部渗透，因此，其内渗深度比冷熏浅，色泽较浅。烟熏温度对于烟熏抑菌作用有较大影响。温度为30℃浓度较淡的熏烟对细菌影响不大；温度为43℃而浓度较高的熏烟能显著降低微生物数量；温度为60℃时不论淡的或浓的熏烟都能将微生物数量下降到原数的0.01%。

(3) 发烟的方法

①液体烟熏法　将烟熏液通过注射、滚揉、斩拌、搅拌等工艺作为食品添加剂直接添加到产品内部，添加量一般为肉制品质量的0.05%~0.1%，这种方式主要偏重于烟熏风味的形成，但不能促进烟熏颜色的形成。

②木棒烟熏法　通过快速的摩擦轮摩擦规则木棒，与新鲜空气结合产生熏烟，达到烟熏效果。

③木屑发烟法　主要是借助于木屑在加湿受热的情况下进行不完全燃烧产生供食品烟熏所需的熏烟进行产品的熏制。

自主学习资源库

(1) 食品伙伴网 http://www.foodmate.net.
(2) 中国食品发酵标准化中心 http://www.scff.org.cn.
(3) 发酵工艺. 周桃英. 中国农业大学出版社，2011.
(4) 发酵工艺原理. 熊宗贵. 中国医药科技出版社，2010.
(5) 肉制品加工技术. 张文正. 化学工业出版社，2012.

任务5.2　果脯蜜饯制作

我国糖制品加工历史悠久，原料众多，加工方法多样，水果中的大多数品种及部分蔬菜都可以用来制作果脯，森林果蔬的品种丰富，用其加工的森林果脯质地柔软、光亮晶透、耐贮易藏、味佳形美，不仅闻名国内，而且在世界上也享有盛誉。本任务主要学习果脯蜜饯加工工艺及工艺要点，重点分析苹果脯、麦冬脯加工方法。

知识准备

5.2.1 原料选择与处理

（1）原料选择

果脯制作的基本原理，是利用高浓度糖液的较高渗透压，析出果实中的多余水分，在果实的表面与内部吸收适合的糖分，形成较高的渗透压，抑制各种微生物的生存而达到保藏的目的。根据这一原理，在制作果脯时应注意选择果实含水量较少、固形物含量较高的品种，果实颜色美观、肉质细腻并具有韧性的品种，耐贮运性良好、果核容易脱离的品种等，如金橘（图5-1）。

图5-1 金橘（纪颖 摄）

（2）预处理

①选别分级　目的在于剔除不符合加工要求的原料，如腐烂、生虫等。为便于加工，还应按大小或成熟度进行分级。

②去皮、切分、切缝、刺孔　剔除不能食用的皮、种子、核，大型果宜适当切分成块、片、丝、条。枣、李、梅等小果常在果面切缝或刺孔。

③盐腌　仅在加工南方凉果时采用，用食盐或食盐水腌制原料来延长加工期限。

④保脆和硬化　为提高原料耐煮性和疏脆性，在糖制前对原料进行硬化处理。即将原料浸泡于石灰（CaO）或氯化钙、明矾、亚硫酸氢钙稀溶液中，令钙、镁离子与原料中的果胶物质生成不溶性盐类，使细胞间相互黏结在一起，提高硬度和耐煮性。硬化剂的选用、用量及处理时间必须适当，过量会生成过多钙盐或导致部分纤维素钙化，使产品质地粗糙，品质劣化。经硬化处理后的原料，糖制前需经漂洗除去残余的硬化剂。

⑤硫处理　为获得色泽清淡而半透明的制品，要在糖制前进行硫处理，抑制氧化变色。在原料整理后，浸入0.1%～0.2%的亚硫酸液中数小时，再经脱硫除去残留的硫。

⑥染色　在加工过程中为防止樱桃、草莓失去红色，青梅失去绿色，常用染色剂进行染色处理。

⑦预煮和漂洗　预煮时将饮用水煮沸，投入原料，预煮水同原料的比率通常为（1.0～1.5）∶1，预煮时间以原料达半透明并开始下沉为度，预煮后立即投入到流动的清水中漂洗6～12h。在预煮中一些未经盐渍的新鲜原料，有的会含有苦味及麻味，为消除其味可加入10%的盐水，煮沸0.5h除去苦麻味。凡经亚硫酸盐保藏、盐腌、染色及硬化处理的原料，在糖制前均需漂洗或预煮，以除去残留的SO_2、食盐、染色剂、石

灰或明矾，避免对制品外观和风味产生不良影响。

5.2.2 糖腌

有煮制和蜜制两种。现在工艺中一般将二者结合，即快速煮制法：让原料在糖液中交替进行加热糖煮和放冷糖渍，可使果蔬内部水气压迅速消除，糖分快速渗入而达到平衡。处理方法是将原料装入网袋中，先在30%热糖液中煮4~8min，取出立即浸入等浓度的15℃糖液中冷却，如此交替进行4~5次，再每次提高糖浓度10%，最后完成煮制过程。

（1）糖渍的基本原则

①糖液宜稀不宜浓　稀糖液的扩散速率太快，浓糖液的扩散速度较慢。糖液浓度应当逐渐提高，使糖液均匀地渗入组织中。

②果蔬组织宜疏松　在室温下，组织紧密的果蔬很难渗入糖液，要选择组织疏松的果蔬品种。

③时间宜长不宜短　在室温下，物质分子的运动速度较低，糖分子在果蔬组织中的扩散速度很慢，为保证透糖效果，只能延长糖渍时间，其生产周期一般为15~20天。

（2）糖的溶解

①常温溶解法　在室温下进行，所用的设备一般采用内装搅拌器的不锈钢桶。先将不锈钢桶加入一定的饮用水，开动搅拌器，一边搅拌，一边加入预先算好的糖，边加边搅拌，直到完全溶解，一般要20~30min，糖液的浓度一般为45%~64%。

②加热溶解法　此法最常见，通常在化糖锅中进行，并备有搅拌器，用蒸汽进行加热。操作时，将计算准确的水和糖倒入化糖锅，用蒸汽加热至沸点，同时不断搅拌，直至全部溶解。

③提高糖液浓度的方法　可以加干砂糖或加浓糖液。

（3）糖液的配制

正常果脯成品的含水量为17%~19%，总糖含量为68%~72%，其中还原糖含量为43%，占总糖含量的60%以上时，不会出现返砂（成品表面或内部产生蔗糖结晶）和返糖（成品发生葡萄糖结晶）现象，这时产品质量最佳。当还原糖含量为30%，占总糖的50%以下时，干制后成品将会不同程度地出现返砂现象。返砂的果脯，失去正常产品的光泽、容易破损，严重影响成品的外观和质量；当还原糖含量在30%~40%之间时，成品于制后虽暂时不返砂，但经贮藏仍有可能产生轻微返砂现象，其返砂程度将随还原糖含量的增多而减低；当还原糖含量过高时，遇高温潮湿季节，易发生流糖现象。由此可见，果脯成品中蔗糖与还原糖比例决定着成品的质量，而成品中糖源的主要来源是糖液，所以糖液的配制实为果脯生产的技术关键，必须予以高度的重视。经验证明，煮制果脯的糖液，特别是苹果等含有机酸少的果品的糖液，在煮制过程中应加入一定量的有机酸，调整其pH，这样可以控制糖液中还原糖比例。实践得出，糖液pH调为2~2.5时，经90min煮制，其中蔗糖的大部分可以得到转化，产品质量可以得到保证。

5.2.3 糖制品的干燥

糖渍后的果品需要进行干燥处理,一般采用自然晾晒或加热烘干的方法。晾晒多用于甘草凉果类制品;烘干多用于果脯和蜜饯类的加工。产品经过晾晒或烘干后,不黏不燥、酥松爽口、柔韧而透明感强、不皱缩、不结晶、质地紧密而不粗糙,糖分含量接近72%,水分一般不超过20%。

5.2.4 上糖

(1)上糖衣

如制作糖衣果脯可在干燥后上糖衣。即将新配制好的过饱和糖液浇注在干脯饯的表面,或者将干脯饯在过饱和糖液中浸渍1min后,立即取出散置在晒面上,于50℃下冷却晾干,糖液就会在产品表面形成一层晶亮透明的糖质薄膜。

(2)上糖粉

即在干燥蜜饯表面裹一层糖粉,以增强保藏性,也可改善外观品质。糖粉的制法是将砂糖在50~60℃下烘干磨碎成粉即可。操作时将收锅的蜜饯稍稍冷却,在糖未收干时加入糖粉拌匀,筛去多余糖粉,成品的表面即裹有一层白色糖粉(图5-2)。上糖粉可以在产品回软后,再行烘干之前进行。

图5-2 金橘干(纪颖 摄)

5.2.5 包装和贮运

干燥后的蜜饯应及时整理或整形,然后按商品要求进行包装。蜜饯包装主要以防霉防潮为主,同时要保证卫生安全,便于贮藏运输,还要达到在市场竞争中具备美观、大方、新颖和反映制品面貌的目的。在成品贮藏中也要创造一个良好的环境。库房要求保持清洁、干燥、通风,温度保持在12~15℃,相对湿度70%左右;搬动时要轻拿轻放,防止损坏包装;运输中要防止日晒雨淋。

任务实施

1. 苹果脯的加工

(1)仪器设备

天平、电磁炉、烘箱、不锈钢刀、菜板、竹屉、烧杯及量筒等玻璃器皿。

(2)材料和试剂

苹果、白砂糖、亚硫酸氢钠。

(3)工艺流程

原料选择→预处理→护色→煮制→烘干→成品

(4) 操作步骤

①选料生产　苹果脯原料一般以'国光''倭锦''红五'等品种为好。制作时选择完整无伤、无病虫害的果实。

②预处理　去皮后将果实磕开、去核后用清水洗净。

③护色处理　使用亚硫酸氢钠溶液浸泡果实，浓度一般为0.3%~0.6%，浸泡时间为30~120min。

④煮制　将上述处理过的苹果，加热煮沸10min左右，待果实变软时浇入50%的糖液，待糖液沸腾后继续加入糖液。沸腾后，分3次各相隔10min左右加入白砂糖。最后一次加糖后煮制20min左右。

⑤烘干　将苹果捞出放在竹屉上沥净糖液，送入60~70℃烘干室烘烤。待果实表面不黏手，含水量为20%时取出修整，剔除不合格产品即为成品。

2. 麦冬脯的加工

(1) 仪器设备

天平、电磁炉、托盘、烘箱、烧杯及量筒等玻璃器皿。

(2) 材料和试剂

麦冬，白砂糖、柠檬酸、氯化钠。

(3) 工艺流程

选料→清洗→去皮→热烫→糖制→烘烤→回软→包装→成品

(4) 操作步骤

①原料选择　选用成熟、发育良好、粒度较大的麦冬作原料。剔除病虫为害及粒度较小的。

②清洗、去皮　选好的麦冬放入洗涤槽中，用流动清水将其充分洗净，捞出沥干。去掉外皮，清洗干净，放入浓度为2%的食盐水中，浸泡8~12h。

③热烫　锅中倒入清水，煮沸后，将麦冬放入沸水中热烫5~10min，然后用冷水冷凉。

④糖制　采用多次糖煮法。第一次糖煮时，取水5kg，放入锅中加热至80℃时，加入白砂糖5kg，同时加入柠檬酸10g，共同煮沸5min。取已处理好的麦冬块12kg，投入糖液中，煮沸10~15min，连同糖液和麦冬块一起放入大缸中浸泡24h。第二次糖煮时，把缸中的糖液及麦冬放入锅中，加热至沸后分两次加入白糖2kg，煮沸至糖液浓度达55%时，加入浓度为60%的冷糖液5kg，立即起锅，放入缸中浸泡3~5天。

⑤烘烤　经糖制的麦冬块，沥净糖液后，均匀地摆入烘盘中，放至烘烤车上推入烤房，在60~65℃条件下烘烤。

⑥回软、检修、包装　烘烤好的麦冬脯应放于25℃左右的室内回潮24~36h，然后进行检验和整修，去掉脯块上的杂质、斑点和碎渣，挑出煮烂的、干瘪的和褐变的等不合格品另作处理，合格品用无毒玻璃纸包好后装箱入库。

巩固训练

1. 训练要求
(1) 以小组为单位开展训练，组内成员要分工合作、相互配合完成训练任务。
(2) 查找文献资料要全面，试验方案要准确。
(3) 通过训练总结果脯的加工要点。

2. 训练内容
(1) 根据话梅加工的工艺流程：原料→选别→制胚→退盐→浸糖→拌粉→成品，写出话梅加工的工艺要点。
(2) 原料和试剂的采购。
(3) 制作话梅。

3. 成果
小组合作完成话梅的成品一份。

知识拓展

1. 果脯加工中存在的问题

(1) 结晶返砂和流糖

当转化糖与蔗糖的比例不平衡，蔗糖含量过高时，产品表面会出现结晶霜。这种现象叫作返砂。当果脯变砂后，质地变硬变粗糙，表面失去光泽，容易损坏，品质下降。相反，如果糖类产品的含量过高，特别是在高温和潮湿的季节，很容易使产品趋向于黏在表面形成大块，即出现流糖现象，使产品容易因受到微生物污染而变质。

(2) 煮烂和干缩

将材料煮烂的现象经常会遇到，除了品种外，水果成熟度有很大的影响，过熟的水果很容易出现煮烂的现象。干缩是由于果实成熟度低，造成糖吸收不足，另一方面是蒸煮和浸渍过程中含糖量不足，导致糖吸收不足。

(3) 成品褐变

褐变是影响果脯品质的主要因素之一。

(4) 该反砂的产品不反砂

果脯的品质应保证表面新鲜，晶状结冰沉淀，不黏不干。但由于原料加工不当或糖的煮沸时间不足，使转化后的糖急剧增加，会导致产品发黏，不能沉淀结霜。

2. 解决问题的措施

（1）解决结晶返砂流糖问题
①在白糖中加入适量柠檬酸，使蔗糖充分转化。
②在糖溶液中加入饴糖，以减缓糖的结晶。
③果脯应存放在12~15℃，不低于10℃。
④干燥前，将返砂果脯蜜饯中的干燥水果用15%的糖溶液煮沸。
⑤烘烤初期温度不宜过高，以免表面干燥。

（2）针对煮烂和干缩的解决措施
①防止煮沸的方法　可通过预处理、果实成熟度控制和品种选择来解决。
②干燥收缩　适当调整糖溶液的浓度和浸泡时间，可以在煮沸的糖溶液中加入亲水胶体。

（3）成品褐变的解决方案
①护色液浸泡。
②热烫处理。

（4）防砂产品的不防砂解决方案
①在原材料处理中，应加入一定量的硬化剂。
②尽可能延长漂白时间和冲洗残留硬化。
③煮糖时，尽量用新的糖溶液或加入适量的糖。
④调整糖溶液的pH，要求糖液呈中性，即pH应在7.0~7.5。原料预处理时，应加入适当的碱性物质，中和富含果酸的水果。
⑤注意糖的半成品，防止发酵。增加糖的用量或添加防腐剂，使半成品具有较好的保鲜效果。

自主学习资源库

（1）食品伙伴网 http：//www.foodmate.net.
（2）果脯蜜饯加工技术．于新，黄雪莲，胡林子．化学工业出版社，2012.
（3）果脯蜜饯加工手册．杨巨斌，米慧芬．科学出版社，2000.

任务5.3　酱腌菜制作

许多森林植物腌制后可以加工出各种咸菜、酱菜，食用方便，更主要的是因为它有丰富的营养，适合人们的口味需要，酱腌菜已成为森林食品加工的重要成分。本任务主要学习腌渍食品的概况和加工工艺要点，并重点分析酱黄瓜、糖蒜的制作方法。

知识准备

5.3.1 基本特点

随着科学的发展和人民生活水平的提高，人们越来越重视食用植物食品，特别是重视食用经过调料加工出来的酱菜。这不单是因为酱菜制作简单，食用方便，更主要的是因为它有丰富的营养，适合人们的口味需要，对身体健康大有益处。在过去，咸菜、酱菜只作为蔬菜不足时的补充品。而今制作方法不断改进，许多咸菜已成为享有盛名的高级食品之一，可上高级宴席，登"大雅之堂"。我国的北京酱菜、扬州酱菜、四川榨菜（图5-3）、镇江酱菜和锦州虾油小菜，都别具风味，深受广大群众的喜爱，不但畅销于国内，而且还远销数十个国家和地区。可见，腌菜有着广阔的发展前景。

图 5-3 榨菜（纪颖 摄）

5.3.2 腌渍品的分类

（1）腌菜类

只进行盐渍，有3种类型：湿态，如雪里蕻、盐渍白菜、盐渍黄瓜；半干态，如榨菜、大头菜；干态，如干菜笋。

（2）泡菜类

经典型的乳酸发酵而成，用盐水渍成。如泡菜、酸黄瓜、盐水笋等。主要在北方沿海一带流行。

（3）酱菜类

①咸味酱菜 用咸酱（豆酱）渍成，或加有甜酱，但用量少，如北方酱瓜、南方酱萝卜。

②甜味酱菜 用甜酱（面酱或酱油）渍成，如扬州、镇江的酱菜，济南、青岛的酱菜。

（4）其他

①糖醋类 先盐渍，再用糖（蜂蜜）或醋或糖醋渍成。

②虾油类 先盐渍（或不盐渍），再用虾油渍成。如虾油什锦小菜。

③糟渍类 主要产生长江以南。先盐渍，再以酒糟或醪糟渍成，如糟瓜、独山盐酸菜。

5.3.3 腌制过程中蔬菜化学组成的变化

（1）糖与酸的消长

①发酵性腌制品 经发酵作用，蔬菜中糖量大大降低或完全消失，酸的含量相应

增大,其原因是乳酸发酵。

②半干态腌制品　发酵过程中添加某些含糖分或能分解为糖类的填充物,则制品的含糖量常比鲜原料中糖量要高。

(2) 含氮物质的变化

①发酵性腌制品　其含氮的物质明显减少。一是部分含氮物质被微生物消耗掉;二是部分含氮物质渗入到发酵液中;三是蛋白质因微生物和酶作用而分解。据测定:鲜黄瓜含氮量1.3%,酸黄瓜含氮量0.8%;鲜白菜含氮量1.4%,酸白菜为0.8%。

②非发酵腌制品　盐渍品中含氮物渗出而减少;酱制品中,酱内蛋白质渗入蔬菜,因而含氮物含量增加。

(3) 维生素C减少

维生素C在腌渍中,蔬菜组织死亡,维生素C暴露在空中,与氧接触,就会被氧化。研究表明,腌渍时间越长,则维生素C消耗越大。维生素C在酸性环境中较为稳定,若在腌渍中加盐量少,生成乳酸较多,维生素C损失就少,因此,加盐量就关系到维生素C的保存。腌渍中多次冻结和解冻,维生素C会大量被氧化破坏。不同蔬菜种类维生素C的稳定性有差异。据研究,甘蓝维生素C稳定性较萝卜高。

(4) 水分的变化

①湿态发酵性腌渍品　含水量基本上无变化。

②干态和半干态发酵性腌渍品　含水量明显减少。

③非发酵性盐(酱)腌渍品　介于上述二者之间,与鲜菜相比,有少量下降,一般在70%。

④非发酵糖醋制品　含水量基本上无变化。

(5) 矿物质的变化

腌渍加入食盐的各种腌渍品,其矿物质总量均较新鲜的原料高,而清水发酵的酸菜则均下降。盐制品因食盐中含钙,腌渍过程中钙渗入蔬菜,所以腌后含钙量均高于原料;而磷和铁则相反,因盐中不含磷和铁,则蔬菜中磷铁向外渗出。

5.3.4　腌渍蔬菜的注意事项

(1) 选好腌渍原料

腌制咸菜原料,必须符合两条基本标准:一是新鲜,无杂菌感染,符合卫生要求;二是品种合适。不是任何蔬菜都适于腌制咸菜,例如,有些蔬菜含水分很多,怕挤怕压,易腐易烂,像熟透的西红柿就不宜腌制;有一些蔬菜含有大量纤维质,如韭菜,一经腌制榨出水分,只剩下粗纤维,无多少营养,吃起来又无味道;还有一些蔬菜吃法单一,如生菜,适于生食或做汤菜、炒食、炖食不佳,也不宜腌制。因此,腌制咸菜,要选择耐贮藏、不怕压、挤,肉质坚实的品种,如白菜、萝卜、芥蓝、玉根(大头菜)等。腌菜,最好选择新鲜蔬菜。如果蔬菜放置一段时间,就会随着水分的消失而消耗掉一定的营养,发生老化现象。具有以下特点的蔬菜不适宜腌制咸菜:一是皮厚,种子坚硬;二是含糖较多,肉质发面,不嫩不脆;特别是叶绿素较多的蔬菜,纤维质坚硬,腌成咸菜"皮条",不易咀嚼,味道也不好。

(2) 准确掌握食盐的用量

食盐是腌制咸菜的基本辅助原料。食盐用量是否合适,是能否按标准腌成各种口味咸菜的关键。腌制咸菜用盐量的基本标准,最高不能超过蔬菜的25%(如腌制100kg蔬菜,用盐最多不能超过25kg);最低用盐量不能低于蔬菜重量的10%(快速腌制咸菜除外)。腌制果菜、根茎菜,用盐量一般高于腌制叶菜的用量。

(3) 按时倒缸

倒缸,也称翻缸或换缸,就是将腌渍品从腌制的缸中,倒入另一空缸里。蔬菜采收之后仍然进行着生命活动,既呼吸作用。蔬菜呼吸作用的快慢、强弱,是与不同品种、成熟时期、组织结构有密切关系的。叶菜类的呼吸强度最高,果菜类次之,根菜类和茎菜类最低。腌渍蔬菜由于蔬菜集中,呼吸作用加强,散发出大量水分和热量,如不及时倒缸排除热量,就会使蔬菜的叶绿素变为植物黑质而失去其绿色。

(4) 保绿和保脆

①保绿 使用微碱水浸泡蔬菜。在腌制前,先用微碱水将蔬菜浸泡一下,并勤换水,排出菜汁后,再用盐腌制,可以保持绿色。碱水可保持绿色主要由于蔬菜的酸被中和,去除了植物黑素的形成因素;另外,石灰乳、碳酸钠、碳酸镁都是碱性物质,都有保持绿色的作用。但如用量较大,会使蔬菜组织发"疲",石灰乳过量时也会使蔬菜组织发韧;使用碳酸镁则较为安全。

②保脆 把蔬菜在铝盐或钙盐的水溶液内进行短期浸泡,或在腌渍液内直接加入钙盐;用微碱性水浸泡(因其含有氯化钙、碳酸氢钙、硫酸钙等几种钙盐);石灰和明矾是我国日常常用的保脆物质。石灰中的钙和明矾中的铝都与果胶物质化合形成果胶酸盐的凝胶,可防止细胞解体。但用量要掌握好,以菜重的0.05%为宜。如过多,菜带苦味,组织过硬,反而不脆,明矾属酸性,不能用于绿色蔬菜,以防影响腌菜风味。

(5) 蔬菜腌制工具的选择

腌制数量大,保存时间长的,一般用缸腌;如香辣萝卜干、大头菜等,一般应用坛腌,因坛子肚大口小,便于密封;腌制数量极少,时间短的咸菜,也可用小盆、盖碗等。腌器一般用陶瓷器皿为好,切忌使用金属制品。

(6) 咸菜的腌制温度及放置场所

①温度 咸菜的温度一般不能超过20℃,否则,会使咸菜很快腐烂变质、变味。在冬季要保持一定的温度,一般不得低于-5℃,最好以2~3℃为宜。温度过低咸菜受冻,也会变质、变味。

②湿度 贮存脆菜的场所要阴凉通风,蔬菜腌制之后,除必须密封发酵的咸菜以外,一般供再加工用的咸菜,在腌制初期,腌器必须敞盖,同时要将腌器置于阴凉通

风的地方，以利于散发咸菜生成的热量。咸菜发生腐烂、变质，多数是由于咸菜贮藏的地方不合要求，温度过高，空气不流通，蔬菜的呼吸作用所散出的热量不能及时散发所造成的。腌后的咸菜不可在太阳下曝晒。

任务实施

1. 酱黄瓜的制作

(1) 仪器设备

天平、电磁炉、搪瓷罐，不锈钢刀、菜板、烧杯等玻璃器皿。

(2) 材料

腌黄瓜 8000g，干辣椒 80g，白糖 30g，面酱 4000g。

(3) 工艺流程

原料选择→处理→盐腌→切制改形→脱盐处理→酱制→成品

(4) 操作步骤

①切分　将腌黄瓜用清水洗一下，切成厚 3cm 的方形片，用水浸泡 1h，中间换 2 次水，捞出控干，装进布袋投入面酱中浸泡，每天翻动 2~3 次。

②酱制　6~7 天后，开袋倒出黄瓜片，控干咸汁，拌入干辣椒丝和白糖，3 天后黄瓜片表皮干亮即成。

③加味　黄瓜片拌入辣椒和白糖时，一定要注意拌匀，如不匀，菜的味道就不会好，影响质量。

2. 糖蒜的腌制方法

(1) 仪器设备

天平、电磁炉、搪瓷罐，不锈钢刀、菜板、烧杯等玻璃器皿。

(2) 材料

鲜蒜 5kg，白糖 2150g，清水 5kg，盐 350g，醋 50g 左右。

(3) 工艺流程

原料选择→泡蒜→腌蒜→调味→成品

(4) 操作步骤

①泡蒜　选取鲜嫩、个大的蒜，切去尾巴，仅留少许把，放入凉水里泡 3~7 天，根据气温可适当减少或增加泡水的时间。每天换一次水，把蒜的嫩味泡出去，然后捞出，放入一干净坛子内。

②腌蒜　将泡好的蒜放入坛子内，放一层蒜撒一层盐，第二天搅拌一次，以后每天搅拌一次，3~4 天后捞出来，摊在帘子上，晒一天，把浮皮除去，下入缸内，再用糖水腌。糖水制作为：水 5kg、白糖 2kg，醋 50g，煮沸。待糖水凉到不烫手时，再倒入蒜缸内。注意，糖水要比蒜高出 6~7cm，糖水的表面再撒 150g 碎糖，然后将坛口盖

紧密封，放在阴凉处，腌制 2~3 个月，就成为白嫩如玉、透亮味美的糖蒜了。

③调味　在成熟前 6~7 天，可加些桂花，以增进风味。

巩固训练

1. 训练要求
(1) 以小组为单位开展训练，组内成员要分工合作、相互配合完成训练任务。
(2) 查找文献资料要全面，试验方案要准确。
(3) 通过训练总结果酱腌菜的加工要点。

2. 训练内容
(1) 根据萝卜条加工的工艺流程：切条→晾晒→水泡→沥干→晾凉→调味→腌制→成品，写出萝卜条加工的工艺要点。
(2) 原料和试剂的采购。
(3) 制作萝卜条。

3. 成果
小组合作完成萝卜条的成品一份。

知识拓展

腌制品种的亚硝酸盐与亚硝胺

(1) 来源

叶类蔬菜硝酸盐含量最高，其次是根类蔬菜。硝酸盐和亚硝酸盐是蔬菜氮代谢的必然结果。蔬菜从土壤中吸收氮肥，在其收获时，总有部分硝酸盐和亚硝酸盐尚未转化为氨基酸和蛋白质。其含量与蔬菜栽培有极大关系，偏施氮肥、施氮种类不当以及采收的时期均会影响二者含量。据调查，降雨前收获含量高，蔬菜越嫩含量越高。

亚硝酸盐含量受硝酸盐含量影响。硝酸盐含量高，在加工前存放时间越长，温度越高，亚硝酸盐含量会快速上升。在腌制过程中，用盐量在 10%~12%，亚硝酸盐的升降情况较稳定，而用盐量越少，亚硝酸盐上升越快。腌渍后 4~8 天，亚硝酸盐含量最高，之后下降，20 天后基本消失。另外，泡菜类加工中，亚硝酸盐和硝酸盐还可能来源于水中，也有可能来源于添加剂中。

胺是氨基酸分解的产物。因此，可认为蛋白质、氨基酸是产生胺的前身物质。新鲜蔬菜中极少或不含胺。

腌渍中，卤水中的蛋白质和糖分为好气微生物如白地霉菌和产膜酵母菌的生长提供了条件，此类菌含大量蛋白质(白地霉菌含 40%/干基)，这时蛋白质又受腐败菌分解成氨基酸，进一步分解产生胺。如甘氨酸可产生乙烷胺，色氨酸产生吲哚乙胺等。胺类物质与亚硝酸盐在酸性条件下生成亚硝胺。

(2)预防方法

①原料　选用新鲜、成熟的原料。

②盐量　10%~12%的盐。

③酸度　腌渍中严格控制生花，防止 pH 上升。

④时间　刚腌制不久的蔬菜，亚硝酸盐含量上升，经过一段时间，又下降至原来水平。腌菜时，盐含量越低，气温越高，亚硝酸盐升高越快，一般腌制 5~10 天，硝酸盐和亚硝酸盐上升达到高峰，15 天后逐渐下降，21 天即可无害。所以，腌制蔬菜一般应在 21 天后食用。

⑤维生素 C　腌渍时可加入一定量的维生素 C，可抑制亚硝胺产生。

自主学习资源库

(1)食品伙伴网 http://www.foodmate.net.

(2)酱菜加工技术．于新，刘文朵，刘淑宇．化学工业出版社，2012.

(3)酱腌菜加工工艺与配方．牟增荣，刘世雄．科学技术文献出版社，2002.

单元 3
功能性森林食品研发

学习内容

项目 6　功能性成分提取

任务 6.1　功能性成分提取

项目 7　功能性森林食品制作

任务 7.1　排铅食品设计与制作

任务 7.2　减肥食品设计与制作

项目6　功能性成分提取

学习目标

知识目标
(1) 掌握森林食品中功能性成分的分类。
(2) 理解森林食品中功能性成分的作用。

技能目标
(1) 能熟练判定森林食品中的功能性成分。
(2) 会提取森林食品中的功能性成分。

任务 6.1　功能性成分提取

森林植物性食物中除了含有已知的维生素和矿物质外，还有一些植物性化学物，对人体健康具有非常重要的作用。大量文献证明植物性化学物确实具有增强免疫力、抗氧化、延缓衰老以及预防一些慢性非传染性疾病如癌症、心血管病等功效。本任务主要学习森林食品中主要功能性成分的类型和提取方法。

任务准备

6.1.1　森林食品中的功能性成分

(1) 生物活性肽
①谷胱甘肽　由谷氨酸、半胱氨酸和甘氨酸通过肽键缩合而成的三肽化合物，广

泛存在于动物肝脏、血液、酵母和小麦胚芽中。

②降压肽　乳酪蛋白的肽类；鱼贝类；植物类(大豆多肽、玉米多肽)；食用安全性高，对正常人无降血压作用。

③酪蛋白磷酸肽　分子内具有丝氨酸磷酸化结构，对钙的吸收作用显著。它是应用生物技术从牛奶蛋白中分离的天然生理活性肽，如α-酪蛋白磷酸肽、β-酪蛋白磷酸肽。

④高F值低聚肽　是蛋白酶作用于食物蛋白质后形成的一种低分子量生理活性肽。此肽由支链氨基酸含量高和芳香族氨基酸含量低的特殊氨基酸组成。功能：防治肝性脑病；改善蛋白质营养状况；抗疲劳：在应激情况下直接向肌肉提供能源，可作为高强度工作者和运动员的食品营养剂。

⑤抗菌活性肽　通常与抗生素肽和抗病毒肽联系在一起，包括环形肽、糖肽和脂肽，如短杆菌肽、杆菌肽、多黏菌素、乳酸杀菌素、枯草菌素和乳酸链球菌肽等。抗菌肽热稳定性较好，具有很强的抑菌效果。

⑥神经活性肽　包括类鸦片活性肽、内啡肽、脑啡肽和其他调控肽。神经活性肽对人具有重要的作用，它能调节人体情绪、呼吸、脉搏、体温等，与普通镇痛剂不同的是，它无任何副作用。

⑦免疫活性肽　能刺激巨噬细胞的吞噬能力，抑制肿瘤细胞的生长的肽称为免疫活性肽。它分为内源免疫活性肽和外源免疫活性肽两种。内源免疫活性肽包括干扰素、白细胞介素和β-内啡肽，它们是激活和调节机体免疫应答的中心。外源免疫活性肽主要来自于人乳和牛乳中的酪蛋白。

(2)优质蛋白

①牛磺酸　1950年结构确定，1960年Curtis试验证明其对脊髓神经元有抑制作用；1969年，Tasper发现猫睡醒时大脑皮层释放牛磺酸；1975年Hayer发现幼猫缺乏牛磺酸导致视网膜退化而失明。结构是2-氨基乙磺酸。主要功能：普遍存在乳汁、脑、心脏、肌肉中，由半胱氨酸代谢而形成，缺乏牛磺酸会影响生长、视力、心脏、脑功能。

②谷氨酰胺(Gln)　学名2-氨基-4-甲酰胺基丁酸，是谷氨酸的酰胺。L-谷氨酰胺是蛋白质合成中的编码氨基酸，哺乳动物非必需氨基酸，在体内可以由葡萄糖转变而来。谷氨酰胺可用于治疗胃及十二指肠溃疡、胃炎及胃酸过多，也可用于改善脑功能，有效防止肠衰竭。

③免疫球蛋白(Ig)　是一类具有抗体活性，能与相应抗原发生特异性结合的球蛋白。免疫球蛋白不仅存在于血液中，还存在于体液、黏膜分泌液以及B淋巴细胞膜中。它是构成体液免疫作用的主要物质，与补体结合后可杀死细菌和病毒，因此，可增强机体的防御能力。食物来源的免疫球蛋白——主要是来自乳、蛋等畜产品，近年来人们对牛初乳和蛋黄来源的免疫球蛋白研究开发的较多。在牛初乳和常乳中，Ig总含量分别为50mg/mL和0.6mg/mL，其中约80%~86%为IgG。人乳免疫球蛋白主要以IgA为主，含量为4.1~4.75μg/g。从鸡蛋黄中提取的免疫球蛋白为IgY，是鸡血清IgG在

孵卵过程中转移至鸡蛋黄中形成的，其生理活性与鸡血清 IgG 极为相似，相对分子质量 164 000。其活性易受到温度、pH 的影响。当温度在 60℃ 以上、pH<4 时，活性损失较大。

④乳铁蛋白 是一种天然蛋白质的降解物，存在于牛乳和母乳中。乳铁蛋白晶体呈红色，是一种铁结合性糖蛋白，牛乳铁蛋白的等电点(pI)为 8，比人乳铁蛋白高 2 个 pH 单位。在 1 分子乳铁蛋白中，含有 2 个铁结合部位。谷氨酸、天冬氨酸、亮氨酸和丙氨酸的含量较高；除含少量半胱氨酸外，几乎不含其他含硫氨基酸；终端含有一个丙氨酸基团。

⑤溶菌酶(Lz) 又称胞壁质酶(Muramidase)或 N-乙酰胞壁质聚糖水解酶(N-Acetyl muramide glycanohydralase)，它于 1922 年由英国细菌学家 Fleming 在人的眼泪和唾液中发现并命名。它广泛存在于鸟、家禽的蛋清，哺乳动物的眼泪、唾液、血浆、尿、乳汁和组织(如肝肾)细胞中，其中以蛋清中含量最为丰富，而人的眼泪、唾液中的 Lz 活力远高于蛋清中 Lz 的活力。

⑥超氧化物歧化酶(SOD) 是生物体内防御氧化损伤的一种重要的酶，能催化底物超氧自由基发生歧化反应，维持细胞内超氧自由基处于无害的低水平状态。SOD 是金属酶，根据其金属辅基成分的不同，可将 SOD 分为 3 类：铜锌超氧化物歧化酶(Cu/Zn-SOD)、锰超氧化物歧化酶(Mn-SOD)和铁超氧化物歧化酶(Fe-SOD)。SOD 都属于酸性蛋白，结构和功能比较稳定，能耐受各种物理或化学因素的作用，对热、pH 和蛋白水解酶的稳定性比较高。通常，在 pH 5.3~9.5 范围内，SOD 催化反应速度不受影响。

(3) 活性多糖

多糖是由糖苷键连接起来的醛糖或酮糖组成的天然大分子。多糖是所有生命有机体的重要组成成分并与维持生命所必需的多种功能有关，大量存在于藻类、真菌、高等陆生植物中。具有生物学功能的多糖又被称为"生物应答效应物"(biological response modifier，BRM)或活性多糖(active polysaccharides)。很多多糖都具有抗肿瘤、免疫、抗补体、降血脂、降血糖、通便等活性。

①膳食纤维 即食物中不被消化吸收的植物成分。1976 年又扩展为"不被人体消化吸收的多糖类碳水合物和木质素"。主要是指那些不被人体消化吸收的多糖类碳水化合物与木质素，以及植物体内含量较少的成分如糖蛋白、角质、蜡等。

②真菌多糖 即从真菌子实体、菌丝体、发酵液中分离出的、可以控制细胞分裂分化，调节细胞生长衰老的一类活性多糖。真菌多糖主要有香菇多糖、灵芝多糖、云芝多糖、银耳多糖、冬虫夏草多糖、茯苓多糖、金针菇多糖、黑木耳多糖等。

(4) 非酶类自由基清除剂

①维生素类 维生素不仅是人类维持生命和健康所必需的重要营养素，还是重要的自由基清除剂。对氧自由基具有清除作用的维生素主要有维生素 E、维生素 C 及维生素 A 的前体 β-胡萝卜素。

②黄酮类化合物 泛指两个苯环通过中央三碳链相互联结而成的一系列 $C_6-C_3-C_6$ 化合物，主要是指以 2-苯基色原酮为母核的一类化合物，在植物界广泛分布。黄酮是具有酚羟基的一类还原性化合物。在复杂反应体系中，由于其自身被氧化而具有清除自由基和抗氧化作用。其作用机理是它将氢供给脂类化合物自由基，自身转变为酚基自由基，酚基自由基的稳定性降低了自动氧化链反应的传递速度，从而抑制进一步被氧化。简而言之，就是作为自由基吸收剂而起到抗氧化作用。黄酮及其某些衍生物具有广泛的药理学特性，包括抗炎、抗诱变、抗肿瘤形成与生长等活性。黄酮在生物体外和体内都具有较强的抗氧化性，具有许多药理作用，对人的毒副作用很小，是理想的自由基清除剂。目前已发现 4000 多种黄酮类化合物，可分为如下几类：黄酮、儿茶素、花色素、黄烷酮、黄酮醇和异黄酮。

(5) 功能性油脂

①亚油酸 作为最早被确认的必需脂肪酸和重要的多不饱和脂肪酸，在我们日常食用的绝大部分油脂中的含量都在 9% 以上，而且在主要食用植物油脂如大豆油、棉籽油、菜子油、葵花籽油、花生油、米糠油、芝麻油等食用油脂中的含量都较高，还有一些含亚油酸特别高的油脂资源。

②α-亚麻酸 在大豆油、菜子油、葵花籽油中都有一定的含量，相对于亚油酸而言，α-亚麻酸的资源和日常可获得性要差很多，但在一些藻类与微生物中存在较多的α-亚麻酸资源。

③γ-亚麻酸 含量较高的 γ-亚麻酸资源在自然界和人类食物中不太常见，而且因其含量比例低很难成为有经济价值的可利用资源，如燕麦和大麦中的脂质含有 0.25%~1.0% 的 γ-亚麻酸，乳脂中含 0.1%~0.35%。

④DHA 和 EPA 陆地植物油中几乎不含 EPA 与 DHA，在一般陆地动物油中也测不出。但高等动物的某些器官与组织中，如眼、脑、睾丸等中含有较多的 DHA。海藻类及海水鱼是 EPA 与 DHA 的重要来源，在海产鱼油中或多或少地含有 AA、EPA、DPA、DHA 4 种脂肪酸，以 EPA 和 DHA 的含量较高。

⑤甘油醇磷脂 甘油磷脂中，甘油的两个羟基和脂肪酸形成酯，第三个羟基被磷酸酯化，生成物为磷脂酸，是最常见的磷脂。由于所结合的磷酸具有可离解的羧基，所以磷脂酸是极性脂。

⑥神经氨基醇磷脂 是神经氨基醇(简称神经醇)、脂酸、磷酸与氮碱组成的脂质，是含不饱和长链脂肪烃的氨基二元醇，又称为非甘油醇磷脂。

6.1.2 提取功能性物质的基本方法

(1) 溶剂提取法

溶剂提取法是最常见的提取方法，即选择对所需成分溶解度大而对其他成分溶解度小的溶剂将所需的成分从植物组织中溶解出来。常见溶剂的亲脂性的强弱顺序为(亲水性则相反)：石油醚>苯>三氯甲烷>乙醚>乙酸乙酯>丙酮>乙醇>甲醇。常用的提取法有浸渍法、渗滤法、煎煮法、回流提取法及连续提取法。

(2)蒸馏法

蒸馏是分离、纯化液态混合物的一种常用的方法,也可以测定液态化合物的沸点,因此对鉴定纯液态化合物有一定的意义(图6-1)。

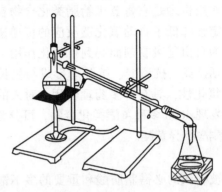

图6-1 蒸馏法示意图(尹凯丹等,2016)

(3)溶剂萃取法

溶剂萃取法也称液萃取法,简称萃取法。萃取法由有机相和水相相互混合,水相中要分离出的物质进入有机相后,再靠两相质量密度不同将两相分开。有机相一般由3种物质组成,即萃取剂、稀释剂、溶剂。有时还要在萃取剂中加入一些调节剂,以使萃取剂的性能更好。

(4)沉淀法

沉淀法通常是在溶液状态下将不同化学成分的物质混合,在混合液中加入适当的沉淀剂制备前驱体沉淀物,再将沉淀物进行干燥或煅烧,从而制得相应的粉体颗粒。

(5)结晶法

利用混合物中各成分在同一种溶剂里溶解度的不同或在冷热情况下溶解度显著差异,而采用结晶方法加以分离的操作方法。

任务实施

1. 酸醇法提取果胶

(1)仪器设备

高速粉碎机、电子天平、酸度计、超声波清洗器、水浴锅、离心机、电热烘箱。

(2)试剂

95%乙醇(分析纯)、盐酸(分析纯)。

(3)工艺流程

清洗→去皮→切分→灭酶→浸泡→漂洗→烘干→粉碎→超声→浸提→浓缩→沉

淀→离心→干燥

(4)试验步骤

①预处理 将采摘来的原料浸泡在蒸馏水中简单地清洗3~5min,擦去表面的水分,放在桌子上自然风干。风干后的原料快速进行去皮,将果皮切成均匀的细条状,置于沸水中煮10min,使果胶酶失活。将煮沸后的果皮用40℃水浸泡30min后,用大量清水漂洗数次,尽可能除去苦味、色素及可溶性非胶体物质。然后滤干水分后放入电热烘箱中在65℃下烘干,烘干后用粉碎机将果皮粉碎装袋备用。

②提取 称取少量粉碎好的果皮,加入一定量pH为2.0的稀盐酸,置于超声波中处理20min,然后放入80℃水浴锅中加热,边加热边搅拌,并保持一段时间后用纱布过滤,之后将滤液浓缩至一半左右,以1∶1比例加入95%乙醇,搅拌均匀后静置20min,使果胶沉淀析出,然后进行高速离心分离,得到粗果胶,最后放入烘箱烘干。

③精制 对于色黄、质量不好的果胶可用大孔树脂进行吸附或弱酸树脂交换进行精制。称取0.5g果胶于250mL烧杯中,加入150mL水,超声处理15min,向溶液中加入20g大孔树脂或弱酸树脂50℃保存0.5h,过滤抽干,低温干燥,磨细后即得精制果胶制品。

2. 乙醇法提取黄酮

(1)仪器设备

电子天平、超声波清洗器、水浴锅、电热烘箱、高速粉碎机、酸度计、紫外可见分光光度计。

(2)试剂

95%乙醇、亚硝酸钠、硝酸铝、氢氧化钠、盐酸、芦丁标准品。

(3)试验流程

清洗→去皮→切分→烘干→粉碎→加溶剂→超声浸提→过滤→浓缩→定容→测定

(4)试验步骤

①标准曲线的绘制 分别精密吸取芦丁对照使用液(0.10mg/mL)0.00、1.00、2.00、3.00、4.00、5.00mL于10.00mL容量瓶中,分别加入5%亚硝酸钠溶液0.30mL,摇匀,静置6min,再加入10%硝酸铝溶液0.30mL,摇匀,静置6min;再加4%氢氧化钠溶液4.00mL,用70%乙醇稀释至刻度,摇匀,静置12min,以试剂作为空白,于510nm处测吸光度。以浓度为横坐标,以吸光度为纵坐标,得到芦丁标准曲线。

②黄酮类化合物的提取 称取少量样品粉末,加入一定70%的乙醇,置于超声波中处理20min后冷却过滤,浓缩至半后,定容。

③测定 精密吸取上述提取液0.5mL,置于10.00mL容量瓶中,按照标准曲线制备的方法测吸光度。

巩固训练

1. 训练要求

(1) 以小组为单位开展训练，组内成员要分工合作、相互配合完成训练任务。

(2) 查找文献资料要全面，试验方案要准确。

(3) 通过训练总结功能性成分提取的方法。

2. 训练内容

(1) 根据橙黄色素的提取流程：样品→清洗→去皮→捣碎→浸提→浓缩→干燥，写出橙黄色素的提取要点。

(2) 原料和试剂的采购。

(3) 提取橙黄色素。

3. 成品

从橘子皮中提取出橙黄色素样品一份。

知识拓展

1. 茶多酚的生物活性

(1) 抗氧化性

茶多酚具有良好的抗氧化作用，可以通过生成更稳定的酚醛自由基来清除活性氧及自由基。

(2) 抗菌和抑菌

茶多酚对细菌有良好的抑制作用，低浓度就可以表现出很强的抑菌活性，强弱顺序依次为金黄色葡萄球菌、枯草芽孢杆菌和大肠杆菌。

(3) 抗肿瘤

茶多酚通过影响癌细胞凋亡信号通路，可以促使癌细胞的凋亡。

(4) 其他功能

此外，茶多酚还具有防辐射、抗衰老、降血糖、降血脂、抗病毒、抗突变及防治心血管疾病等功能。

2. 功能性食品加工中的新技术

(1) 超临界流体萃取技术

超临界状态主要是指液体超过临界点但是又接近临界点时，液体所存在的一种气态、液态之间的状态，其主要是以单相的形式所存在，存在形式较为特殊。因为超临界流体具备液体气体的一部分特征，同时具备和液态流体相类似的密度和介电常数，并且还保留了气态流体高扩散性能、延展功能等特性,属于分离溶剂的最佳萃取方法。相关研究发现,超临界流体相对于非临界状态之下的流体溶解能力要高出 100 余倍,这也提示该技术可以应用在一些容易发生氧化、热敏感性较强的食品加工中。超临界二氧化碳萃取剂是一种应用价值突出的流体,具有安全无残留无毒、无废弃物排放、能量需求量较低、体纯度较高等优势,所以在功能性食品加工中的应用价值突出。但是,在萃取类胡萝素、生物碱、氨基酸以及部分无机盐的情况下,需要借助相关溶剂才能完成萃取。

(2)膜分离技术

膜分离技术主要是应用在一些双组分或多组分的溶液分离、提纯、浓缩等过程当中。膜分离技术主要是应用生物膜的通透性功能,按照提炼物质的分子量、理化特性等方面的具体情况,采取人工合成或天然的高分子薄膜,并借助化学位差或其他的外界能量实现对目标的提纯或分离。功能性食品加工当中最为普遍的便是超滤膜的分离技术,超滤膜可以借助 0.1~0.5MPa 的静压实现驱动,将溶液当中的小分子成分从高压原料借助分子膜筛滤后实现加工目标。

自主学习资源库

(1)国家食品药品监督管理总局—数据查询网站 http：//qy1.sfda.gov.cn/datasearch/face3/dir.html.

(2)中国营养保健食品协会 http：//www.cnhfa.org.cn.

(3)功能性食品活性成分测定. 魏新林. 中国轻工业出版社,2010.

(4)功能性食品学. 周才琼. 化学工业出版社,2011.

(5)保健食品原料手册. 凌关庭. 化学工业出版社,2010.

(6)食品理化分析. 尹凯丹,张奇志. 化学工业出版社,2016.

项目7　功能性森林食品制作

学习目标

>> **技能目标**

(1) 理解功能性食品的概念和特点。
(2) 了解功能性森林食品的发展。

>> **技能目标**

(1) 能根据特殊人群的需求设计功能性森林食品。
(2) 能依据设计方案制作功能性森林食品。

任务7.1　排铅食品设计与制作

功能性食品是指具有营养功能、感觉功能和调节生理活动功能的食品。功能性食品的研究与开发在我国尚属新兴学科和领域，是多学科，多领域不断交叉、融合的产物，是森林食品加工的知识拓展领域。近年来，重金属污染在食品安全事故中占有越来越大的比例，重金属中毒是指相对原子质量大于65的重金属元素或其化合物引起的中毒，如铅中毒、汞中毒、砷中毒给人类的健康带来较大的危害。膳食中很多食物具有天然的排毒抑菌的作用，对辅助治疗重金属中毒有明显的效果。本任务主要以学习排铅食品的设计为主，培养学生功能性食品的研发能力。

知识准备

7.1.1 概述

(1) 定义

重金属原义是指密度大于 $4.5g/cm^3$ 的金属,包括金、银、铜、铁、汞、铅、镉等,重金属在人体中累积达到一定程度,会造成慢性中毒。重金属非常难以被生物降解,相反却能在食物链的生物放大作用下,成千百倍地富集,最后进入人体。重金属在人体内能和蛋白质及酶等发生强烈的相互作用,使它们失去活性,也可能在人体的某些器官中累积,造成慢性中毒。

(2) 重金属对人体的伤害

① 汞　食入后直接沉入肝脏,对大脑视力神经破坏极大。含有微量汞的饮用水,长期食用会引起蓄积性中毒。

② 铬　会造成四肢麻木,精神异常。

③ 镉　导致高血压,引起心脑血管疾病;破坏骨钙,引起肾功能失调。

④ 铅　是重金属污染中毒性较大的一种,一旦进入人体很难排除。直接伤害人的脑细胞,特别是胎儿的神经板,可造成先天大脑沟回浅,智力低下;对老年人造成痴呆、脑死亡等。

⑤ 钴　对皮肤有放射性损伤。

⑥ 钒　伤人的心、肺,导致胆固醇代谢异常。

⑦ 锰　超量时会使人甲状腺机能亢进。

(3) 铅中毒

① 铅中毒的来源　食用含铅食品,如皮蛋、爆米花、铅质焊锡罐头食品;食用含铅药物;使用不合格的彩釉餐具;经常接触彩印的食品包装、油漆类物品、含铅化妆品、染发剂、汽车尾气等。

② 中毒计量　铅化合物的毒性取决于铅化合物在体内的溶解性,硫化铅毒性小,醋酸铅毒性大。成人服 2~3g 引起中毒,50g 致死。铅中毒主要对神经系统、血液系统、心血管系统、骨骼系统等造成终生性的伤害。

③ 铅中毒的症状　首先是局部的刺激现象,口腔、咽喉干燥、发热、疼痛、大量流涎、口腔黏膜变白。随之出现剧烈的恶心、呕吐,有时还有血性呕吐物;腹绞痛,脸色苍白,大量出冷汗甚至休克。大便秘结,即使有大便也多呈黑色;引起腿部肌肉疼痛,痉挛;破坏红血球引起贫血。

7.1.2 促进排铅的食物

(1) 维生素 C

维生素对于预防有毒金属中毒有较好的效果。给予中毒者大量的维生素 C 可以延缓中毒症状的出现或使症状减轻。

(2)钙、铁、锌等元素

钙、铁、锌等金属元素与铅同为二价金属元素，在体内代谢过程中会有竞争作用，增加这些元素的供给能减少有毒金属的吸收与积蓄。

(3)蛋白质

优质蛋白质可与铅结合成可溶性络合物，促进毒素从尿中排出。

(4)膳食纤维

高膳食纤维有利于铅的排出。

任务实施

排铅果奶的制作

(1)仪器设备

天平、电磁炉、封口机、烧杯等玻璃器皿。

(2)材料

脱脂奶粉、刺梨原汁、枸杞子、羧甲基纤维素钠(CMC)、低酯果胶、魔芋精粉、白砂糖、阿斯巴甜、蔗糖酯、三聚磷酸、柠檬酸。

(3)工艺流程

材料混合→煮制→冷却→装罐→封口→成品

(4)操作步骤

①材料混合　采取以下配方混合：脱脂奶粉5%，刺梨原汁15%，枸杞子1%，酸性CMC 0.3，低酯果胶0.2%，魔芋精粉0.2%，白砂糖5%，阿斯巴甜0.04%，蔗糖酯0.1%，三聚磷酸0.1%，柠檬酸适量。

②煮制、冷却　将配制好的原料放在电磁炉上煮沸10min，在室温下冷却。

③装罐、封口　将冷却后的果奶装入可立杯中，封口即可。

巩固训练

1. 训练要求

(1)以小组为单位开展训练，组内成员要分工合作、相互配合完成训练任务。

(2)查找文献资料要全面，试验方案要准确。

(3)通过训练总结防止重金属中毒的食疗原理。

2. 训练内容

(1)查文献归纳出排汞的食物，设计一款排汞的休闲食品。

(2)原料和试剂的采购。

(3)制作排汞的功能性食品。

3. 成品

设计一款排汞的休闲食品。

知识拓展

硒是介于金属与非金属之间的稀有而分散的半金属化学元素,元素符号Se,1973年世界卫生组织宣布硒是人体必需的微量元素。硒属于氧族元素,自然界地壳中含硒量极少。硒分为无机硒和有机硒,无机硒存在于矿物中,不溶于水,人体不易接受且有毒副作用,西方国家已明令禁止使用,而有机硒正好弥补了无机硒。

硒是一种维持人体正常机能不可缺少的微量元素,现代科学研究证明,硒具有抗氧化、增强人体免疫力、有效清除人体有害垃圾、促进人体健康、延缓衰老之功效。人体缺硒会导致各种疾病的产生,感染高致病性病毒性疾病的危险明显增大。通常,每人每日硒正常摄入量不应低于$50\mu g$,而普通大米含硒量极低,无法满足人体正常需要。我国《营养学报》曾报道介绍,全国72%地区属于缺硒或低硒地区,2/3以上人口不同程度地存在硒摄入不足。缺硒人群会导致心血管疾病、高血压、肝病、近视、哮喘、肿瘤、癌症等发生。

富硒大米是通过在种植稻米的时候补硒,即补充硒元素,从而生长出富含硒的大米。属于功能性农产品,是富含硒的食物,具有较高的营养价值。

富硒大米的生产有两种:一种是在水稻抽穗至灌浆期,于晴朗天气的早晚在叶面上用喷雾器均匀喷施富硒增产剂,然后经过生物转化,把无机硒转化为有机硒,并贮存在水稻中,以便于人体吸收;另外一种是当地土壤含硒量丰富,生产出来的水稻自然含硒,贵州省西部的六枝特区,是我国著名的三大天然富硒地带之一,这里属北亚热带季风气候,得天独厚的自然优势十分有利于天然富硒米的生产。

自主学习资源库

(1)功能性食品活性成分测定. 魏新林. 中国轻工业出版社, 2010.

(2)功能性食品学. 周才琼. 化学工业出版社, 2011.

(3)保健食品原料手册. 凌关庭. 化学工业出版社, 2010.

(4)功能食品加工技术. 李世敏. 中国轻工业出版社, 2003.

(5)功能食品加工技术. 王健. 化学工业出版社, 2016.

任务7.2 减肥食品设计与制作

近年来,肥胖症的发病率明显增加,尤其在一些经济发达国家,肥胖者剧增。即使在发展中国家,随着饮食条件的逐渐改善,肥胖患者也在不断增多。虽然药物具有减肥作用,但大多有一定的副作用,饮食疗法是最根本、最安全的减肥方法。而且药物治疗、运动疗法和行为疗法的同时,一般还需配合低热量饮食以增加减肥效果。因此,筛选具有减肥作用的纯天然的保健食品即成为减肥研究过程中的一个重要课题,本任务主要是减肥食品的研发和制作。

知识准备

7.2.1 肥胖的特点与危害

(1) 定义与分类

①定义　指机体由于生理生化机能的改变而引起体内脂肪沉积量过多,造成体重增加,导致机体发生一系列病理生理变化的病症。一般在成年女性中,若身体中脂肪组织超过30%即定为肥胖;在成年男性中,则脂肪组织超过20%~25%为肥胖。女性定得比男性高的原因是,一般正常女性脂肪组织比正常男性高。

②分类　一般来说,肥胖症可分为单纯性肥胖和继发性肥胖两种。单纯性肥胖是指体内热量的摄入大于消耗,致使脂肪在体内过多积聚、体重超常的病症,这类病人无明显的内分泌紊乱现象,也无代谢性疾病。而继发性肥胖是由于内分泌或代谢性疾病所引起的,也称单纯性肥胖,它约占肥胖症的95%以上。

(2) 肥胖症的病因

①能量摄入过多　人体能量的摄入与消耗正常情况下保持着相对的平衡,人体的体重也保持相对稳定。一旦平衡遭到破坏,摄入的能量多于消耗的能量,则多余的能量在体内以脂肪的形式贮存起来,日积月累,最终发生肥胖,即单纯性肥胖。

②遗传因素　肥胖症有一定的遗传倾向,往往父母肥胖,子女也容易发生肥胖。

③精神因素　当精神过度紧张时,食欲受抑制;当迷走神经兴奋而胰岛素分泌增多时,食欲常亢进。实验证明,下丘脑可以调节食欲中枢,它们在肥胖发生中起重要作用。

(3) 肥胖的危害

①心血管疾病　肥胖者的脂肪代谢特点主要表现为血浆游离脂肪酸、总胆固醇、甘油三酯和低密度脂蛋白含量增多,高密度脂蛋白含量降低。大量的脂肪组织沉积于人体的脏器、血管等部位,影响心脑血管、肝胆消化系统和呼吸系统等的功能活动,进而引发高脂血、高血压、动脉粥样硬化、心肌梗死等疾病。

②糖尿病　胰岛素分泌增多,脂肪合成加强,导致肥胖,而肥胖又会加重胰岛 B

细胞的负担,久而久之,致使胰岛功能障碍,胰岛素分泌相对不足,使得血糖水平异常升高而形成糖尿病。

③肿瘤　肥胖者体内的微量元素,如血清铁、锌的水平都较正常人低,而这些微量元素又与免疫活性物质有着密切的关系,因此,肥胖者的免疫功能下降,肿瘤发病率上升。

④脂肪肝　肥胖症患者由于脂代谢异常活跃,导致体内产生大量的游离脂肪酸,进入肝脏后,即可合成脂肪,造成脂肪肝,出现肝功能异常。

7.2.2 减肥功能食品配制原则

(1)限制总热量

根据肥胖的程度分轻(超过标准体重10%~20%)、中(超过标准体重20%~30%)、重(超过标准体重30%以上)3种类型,分别作不同的热量限制。以每日正常生理需要热量为10 080kJ为例,轻型肥胖者热量限制到80%(8064kJ),中型60%(6048kJ),重型40%~60%(4032~6048kJ)。重型者限制热量过多,容易感到疲劳、乏力、精神不振等,应根据情况决定。

(2)限制脂肪

肥胖者皮下脂肪过多,易引起脂肪肝、肝硬化、高脂血症、冠心病等,因此每日脂肪摄入量应控制在30~50g,以植物油为主,严格限制动物油。

(3)限制碳水化合物

碳水化合物在体内可转化为脂肪,所以要限制碳水化合物的摄入量,尤其是少用或忌用含单糖、双糖较多的食物。一般认为,碳水化合物所供给热量为总热能的45%~60%,主食每日控制在150~250g。但是碳水化合物有将脂肪氧化为二氧化碳和水的作用,如果摄入量过低,脂肪氧化不彻底而生成酮体,不利于健康,所以碳水化合物摄入量减少要适度。

(4)供给优质的蛋白质

蛋白质具有特殊动力作用,其需要量应略高于正常人,因此肥胖人每日蛋白质需要量80~100g。应选择生理价值高的食物,如牛奶、鸡蛋、鱼、鸡、瘦牛肉等。

(5)供给丰富多样的无机盐、维生素

无机盐和维生素供给应丰富多样,满足身体的生理需要,必要时,补充维生素和钙剂。食盐具有亲水性,可增加水分在体内的储留,不利于肥胖症的控制,每日食盐量以3~6g为宜。

(6)供给充足的膳食纤维

膳食纤维可延缓胃排空时间,增加饱腹感,从而减少食物和热量摄入量,有利于减轻体重和控制肥胖,并能促进肠道蠕动,防止便秘。谷物中麦麸、米糠含膳食纤维较丰富,螺旋藻、食用菌中所含膳食纤维也很丰富。

(7)限制含嘌呤的食物

嘌呤能增进食欲,加重肝、肾、心脏的中间代谢负担,膳食中应加以限制。动物内脏、豆类、鸡汤、肉汤等高嘌呤食物应该避免。

7.2.3 具有减肥作用的物质

(1) 脂肪代谢调节肽

由乳、鱼肉、大豆、明胶等蛋白质混合物酶解而得,肽长 3~8 个氨基酸碱基,主要由"缬-缬-酪-脯""缬-酪-脯""缬-酪-亮"等氨基酸组成。能抑制脂肪的吸收、阻碍脂质合成、促进脂肪代谢。

(2) 魔芋精粉和葡甘露聚糖

魔芋精粉的酶解精制品称葡甘露聚糖。葡甘露聚糖主要由甘露糖和葡萄糖以 β-1,4 键结合(相应的摩尔比为 1.6∶1~4∶1)的高分子量非离子型多糖类线型结构,每 50 个单糖链上,有一个以 β-1,4 键结合的支链结构,沿葡甘露聚糖主链上平均每隔 9~19 个糖单位有一个糖基上 CH_2OH 乙酰化,它有助于葡甘露聚糖的溶解度,平均相对分子质量 20 万~200 万。

(3) L-肉碱

肉碱有 L 型、D 型和 DL 型,只有 L-肉碱才具有生理价值。L-肉碱为动物体内有关能量代谢的重要物质,在细胞线粒体内使脂肪进行氧化并转变为能量,以达到减少体内中的脂肪积累,并使之转变成能量。

(4) 荞麦

荞麦中蛋白质的生物效价比大米、小麦要高;脂肪含量 2%~3%,以油酸和亚油酸居多;各种维生素和微量元素也比较丰富;它还含有较多的芦丁、黄酮类物质,具有维持毛细血管弹性,降低毛细血管的渗透功能。常食荞麦面条、高饼等面食有明显降脂、降糖、减肥之功效。

(5) 红薯

红薯中蛋白质、脂肪、碳水化合物的含量低于粮谷,但其营养成分含量适当,营养价值优于谷类,它含有丰富的胡萝卜素和 B 族维生素以及维生素 C。红薯中含有大量的黏液蛋白质,具有防止动脉粥样硬化、降低血压、减肥、抗衰老作用。红薯中还含有丰富的胶原维生素,有阻碍体内剩余的碳水化合物转变为脂肪的特殊作用。这种胶原膳食纤维素在肠道中不被吸收,吸水后使大便软化,便于排泄,预防肠癌。胶原纤维与胆汁结合后,能降低血清胆固醇,逐步促进体内脂肪的消除。

任务实施

1. 葛根粉的加工

(1) 仪器设备

去皮刀、不锈钢刀、菜板、组织粉碎机、喷雾干燥器、竹屉。

(2) 材料

新鲜葛根。

(3)工艺流程

葛根→清洗→粉碎→分离→洗涤→脱水→干燥→冷却→成品

(4)操作步骤

①清洗　主要是清除物料外表皮层沾带的泥沙，并洗除物料块根的表皮。

②原料粉碎　粉碎的目的就是破坏物料的组织结构，使微小的淀粉颗粒能够顺利地从块根中解体分离出来。可用组织粉碎机将葛根粉碎。

③分离　粉碎后的物料是细小的纤维，体积大于淀粉颗粒，膨胀系数也大于淀粉颗粒，比重又轻于淀粉颗粒，以水为介质，将粉碎后的物料中的淀粉和纤维分离开来。

④洗涤　加水洗涤物料。

⑤脱水　将多余的水分除去。

⑥干燥　在喷雾干燥器中进行干燥。

⑦冷却　经干燥后，温度较高，为保证成品的黏度，需要在干燥后将其迅速降温。

2. 红薯膳食纤维饮品的加工

(1)仪器设备

天平、电磁炉、杀菌釜、振荡培养箱、均质机、纱网、烧杯等玻璃器皿。

(2)材料

红薯渣、食用菌DSl、精盐、蔗糖、柠檬酸、卡拉胶、姜、葱、味精。

(3)工艺流程

卡拉胶→溶胶→过滤──┐

发酵液→灭活→均质→过滤→预热→调配→灌装→杀菌→检验→成品

(4)操作步骤

①发酵液配制　按5kg红薯渣加入100L水的比例，在115℃的温度条件下灭菌15min，冷却至室温接入10%的食用菌DSl，旋转摇床150r/min，25℃下培养3天得到红薯渣发酵液。

②灭活　将发酵液置于0.05MPa下灭活15min，目的是将活的菌体杀死，发酵液稍有变色，发酵液气味变得更浓。

③均质　将灭活的发酵液进行均质，均质可增加物料的黏度，改善成品的组织状态。在温度为50~60℃时进行均质，压力为15~20MPa，均质后得到黏度适中、颗粒均匀的浅黄白色液体。

④过滤　均质后的发酵液用100目的不锈钢筛网过滤，得到颗粒细小的溶液，即为最终产品的主要原料。

⑤辅料处理　姜去皮清洗后，切片，厚度为1~2mm；葱洗净后，切成2~3mm的长段。

⑥卡拉胶处理　在一定量卡拉胶中慢慢撒入一定体积的冷水，使之分散，防止凝

结。煮胶之前先浸泡 20~30min，使卡拉胶充分吸水溶胀，然后在搅拌条件下加热至沸腾，并保持微沸状态 8~10min，最后除去表层的泡沫，控制所出胶液的量。趁热用消毒的 100 目不锈钢筛网过滤，目的是除去杂质及一些可能存在的胶粒，最终得到颗粒均匀的浅白色胶液。

⑦调配　根据口感需要添加适量的食盐、蔗糖、卡拉胶、姜、葱、味精，得到适宜不同人群的饮料。为使产品的感观指标达到一定要求，卡拉胶的适宜添加量为 0.12%。

⑧预热、灌装、杀菌　将过滤的发酵液置于可调温电炉上加热至微沸，边搅拌边加入溶解的胶液并继续加热 2~3min，加入适量的食盐，为了增加食品的厚味可添加少量的蔗糖。电炉熄灭后利用余温加热时，加入鲜姜片、葱段、少量味精，搅拌 2~3min，将姜片和葱段取出后，趁热灌装、封口，巴氏灭菌（80℃，30min），迅速冷却，经检验合格后即得成品。

巩固训练

1. 训练要求
(1) 以小组为单位开展训练，组内成员要分工合作、相互配合完成训练任务。
(2) 查找文献资料要全面，试验方案要准确。
(3) 通过训练总结减肥的食疗原理。

2. 训练内容
(1) 查文献归纳出减肥的食物，设计一款减肥茶。
(2) 原料和试剂的采购。
(3) 制作减肥茶。

3. 成品
设计一款减肥茶。

知识拓展

减肥食品的研制和注意事项

(1) 以调理饮食为主，开发减肥专用食品

根据减肥食品低热量、低脂肪、高蛋白质、高膳食纤维的要求，利用燕麦、荞麦、大豆、乳清、麦胚粉、魔芋、山药、甘薯、螺旋藻等具有减肥作用的原料生产肥胖患者的日常饮食，通过饮食达到减肥效果。燕麦具有可溶性膳食纤维，魔芋含有葡甘露聚糖，大豆含有优质蛋白质、大豆皂甙和低聚糖，麦胚粉含有膳食纤维和丰富的维生素 E，可满足肥胖者的营养需求和减肥。而甘薯、山药等含有丰富的黏液蛋白，可减少

皮下脂肪的积累。螺旋藻在德国作为减肥食品广为普及，可添加到减肥食品中。在这类食品中，可补充木糖醇或低聚糖等，强化减肥效果。目前市面上有些食品，如康美神维乐粉、雅莱减肥饼干等都属于这一类。

(2) 用药食两用中草药开发减肥食品

食品和药食两用植物中可作为减肥食品的原料有很多，这些药食两用品有的具有清热利湿作用，如茶、苦丁茶、荷叶等；有的可以降低血脂；有的具有补充营养、促进脂肪分解等作用。从现代营养角度看，这些原料含有丰富的膳食纤维、黏液蛋白、植物多糖、黄酮类、皂甙类以及苦味素等，对人体代谢具有调节功能，能抑制糖类、脂肪的吸收，加速脂肪的代谢，达到减肥效果。

这些原料一般经过加工，提高功效成分的含量或提取其中主要成分，制成胶囊或口服液，每天定时食用。这种减肥食品与第一类食品配合应用，效果会更好一些。目前市面上这类减肥食品不少，基本上都是选用上述原料配制的，这是我国特有的食品，应进一步加大开发力度。

(3) 保健食品并非药品

随着科学的发展，逐渐发现一些对肥胖症有明显效果的化学物质，其中有的可用于功能性食品中。但是，减肥食品不得加入药物。作为减肥食品，不能够生搬中药处方，因为许多药物都有毒副作用，对人体造成不利影响，应该尽量选用食品和药食两用原料，去除不准使用于食品的原料，重新组方。

一些西药，如芬氟拉明类，对减肥有效果，但对人体有明显副作用。我国食品卫生部门曾发现有4种减肥食品中含有芬氟拉明、去烷基芬氟拉明等，并进行了严肃查处。另外，二乙胺苯酮、氯苯咪吲哚、三碘甲状腺原氨酸、苯乙双胍等减肥药都不得用于减肥食品。

自主学习资源库

(1) 中国健康网 http://www.69jk.cn.
(2) 食物营养与配餐. 范志红. 中国农业大学出版社, 2016.
(3) 保健食品原料手册. 凌关庭. 化学工业出版社, 2010.
(4) 功能食品加工技术. 李世敏. 中国轻工业出版社, 2003.
(5) 功能食品加工技术. 王健. 化学工业出版社, 2016.

参 考 文 献

陈德经，李新生，2004．HACCP 在干香菇生产中的应用[J]．食品科学，25(4)：206-209．

陈冬梅，2011．林区山野菜干制技术[J]．现代农业科技，(18)：359-360．

陈学平，1999．果蔬产品加工工艺学[M]．北京：中国农业出版社．

陈仪男，2009．罐藏加工工作页[M]．厦门：厦门大学出版社．

初峰，黄莉，2010．食品保藏技术[M]．北京：化学工业出版社．

邓毓芳，2003．林产食品加工工艺学[M]．北京：中国林业出版社．

范丽莉，赵恒田，周克琴，等，2018．功能性食品及其发展态势[J]．土壤与作物，7(4)：432-438．

郭斯统，吴君华，叶培根，2019．雪菜的腌制技术[J]．贮藏与工，(11)：34-35．

何金兰，肖开恩，康丽茹，等，2004．番石榴果汁饮料加工技术[J]．热带作物学报，25(2)：20-23．

李建强，冯春梅，2001．大头菜酱菜的加工工艺[J]．广西热带农业报，(2)：31-32．

李金红，2005．上海酱菜的加工工艺[J]．中国调味品，(3)：30-32．

李勇，2006．现代软饮料生产技术[M]．北京：化学工业出版社．

刘文君，2011．沙棘饮料的加工技术[J]．农产品加工，(7)：14-15．

刘宗敏，谭兴和，周红丽，等，2017．萝卜干腌制技术研究进展[J]．中国酿造，36(6)：19-22．

吕爱华，尚素微，曹件生，等，2013．浙江省森林食品产业发展阶段分析与展望[J]．浙江林业科技，33(4)：90-96．

吕佳宁，李影，韩立杰，等，2014．不同干燥方法对生食香菇品质的影响[J]．食品科学技术学报，32(4)：46-50．

罗红霞，2015．乳制品加工技术[M]．2 版．北京：中国轻工业出版社．

孟秀梅，王宏勋，张晓昱，2007．红薯膳食纤维饮品的加工技术[J]．粮油加工，(1)：33．

彭珊珊，钟瑞敏，2010．食品添加剂[M]．北京：中国轻工业出版社．

沈静，王敏，冀晓龙，2019．果蔬干制技术的应用及研究进展[J]．陕西农业科学，65(03)：95-97．

石桂春，胡铁军，武军，2001．保绿保脆技术在蔬菜腌制中的应用研究[J]．食品研究与开发，(6)：56-59．

孙君杜，2001. 现代食品加工学[M]. 北京：中国农业出版社.

孙俊良，2002. 发酵工艺[M]. 北京：中国农业出版社.

唐文婷，蒲传奋，2011. 芦笋罐头加工工艺的研究[J]. 粮油食品科技，19(2)：50-52.

汪隽波，2014. 制作糖水橘子罐头新工艺[J]. 农产品加工(学刊)，(6)：38-39.

王同翠，2018. 四种甜酱菜加工方法[J]. 贮藏与加工，(4)：52-53.

夏桂珍，张若海，李佳，等，2007. 水煮笋罐头的加工技术及产品质量要求[J]. 中国酿造，(11)：59-60.

夏其乐，曹艳，邢建荣，等，2018. 浑浊型蓝莓果汁饮料的加工技术[J]. 浙江农业科学，59(10)：1888-1891.

夏新斌，刘金红，谢梦洲，等，2018. 日本功能性食品发展对中国药膳产业发展的启示[J]. 食品与机械，34(11)：205-207.

杨君，2010. 绿色食品加工技术[M]. 北京：科学出版社.

佚名，2016. 森林食品认证程序：ZLC 004—2016[S]. 北京：中国林业生态发展促进会.

尹凯丹，张奇志，2016. 食品理化分析[M]. 北京：化学工业出版社.

曾燕如，潘继进，喻卫武，2004. 国际森林认证与我国森林食品的生产[J]. 浙江林学院学报，11(4)：480-485.

张孔海，2010. 食品加工技术概论[M]. 北京：中国轻工业出版社.

张琦，2018. 功能性食品加工中的关键技术探析[J]. 中国食品，(7)：158-159.

张瑞菊，王林山，2012. 软饮料加工技术[M]. 北京：中国轻工业出版社.

张文秋，2012. 核桃饮料加工技术[J]. 农产品加工，(10)：16-17.

张秀芬，陈荣锋，刘连军，等，2019. 茶多酚在食品中的应用[J]. 生物加工过程，17(4)：424-429.

张瑜，郑伟，谢婷婷，等，2016. 腌制蔬菜"生花"微生物研究进展[J]. 广州化工，44(2)：33-35.

张玉，赵玉，祁春节，中国水果罐头行业的产业组织分析[J]. 中国热带农业，2008(3)：8-10.

赵艾东，1984. 软罐头食品的特点和发展概况[J]. 海洋渔业，(6)：123-125.

赵丽芹，果蔬加工工艺学[M]. 北京：中国轻工业出版社，2009.

郑艺松，2019. 浅谈果脯蜜饯制品加工中常见的质量问题[J]. 大科技，(20)：251-252.

周志，田成，汪兴平，2004. 冻干蕨菜制品的研制[J]. 湖北民族学院学报(自然科学版)，22(4)：45-47.